智识未来

离散的魅力

世界为何数字化

The Discrete Charm of the Machine

Why the World Became Digital

[美]肯·施泰格利茨（Ken Steiglitz）/ 著

范全林 时蓬 / 译

人民邮电出版社

北 京

图书在版编目（CIP）数据

离散的魅力：世界为何数字化 ／（美）肯·施泰格
利茨（Ken Steiglitz）著；范全林，时蓬译. -- 北京：
人民邮电出版社，2022.9（2023.11重印）
（智识未来）
ISBN 978-7-115-54108-6

Ⅰ. ①离… Ⅱ. ①肯… ②范… ③时… Ⅲ. ①离散数
学-普及读物 Ⅳ. ①O158-49

中国版本图书馆CIP数据核字(2020)第090604号

版 权 声 明

- ♦ 著　　　[美]肯·施泰格利茨（Ken Steiglitz）
- 译　　　范全林　时 蓬
- 责任编辑　王朝辉
- 责任印制　陈 犇
- ♦ 人民邮电出版社出版发行　　北京市丰台区成寿寺路 11 号
- 邮编　100164　电子邮件　315@ptpress.com.cn
- 网址　https://www.ptpress.com.cn
- 涿州市般润文化传播有限公司印刷
- ♦ 开本：700×1000　1/16
- 印张：12.25　　　　　　　　　2022 年 9 月第 1 版
- 字数：156 千字　　　　　　　2023 年 11 月河北第 5 次印刷
- 著作权合同登记号　图字：01-2019-3992 号

定价：69.90 元

读者服务热线：(010)81055410　印装质量热线：(010)81055316
反盗版热线：(010)81055315
广告经营许可证：京东市监广登字 20170147 号

内 容 提 要

这是一本讲解机器数字化发展的图书，解读为何离散这个如此简单的理念却如此强大。全书共分为四大部分：第一部分介绍可靠计算要面临的各种障碍，如噪声、信号缺陷、量子隧穿等；第二部分讲解两个改变我们生活的基本概念，即傅里叶分析和噪声环境中的编码技术；第三部分则向更为复杂和有挑战的领域进军，详述当代科学知识的极限，讨论了本质上很难解决的问题的定义；在最后一部分，作者进行了能否超越当前的计算机，突破当前计算极限的途径等思考，并引出了量子计算的能力以及机器人时代等问题。

本书为信息技术类科普读物，适合广大对计算机科学、信息技术感兴趣的读者阅读。

目 录

致读者

本书写了什么?

当今我们称为计算机的机器已经重塑了我们的生活,将来甚至最终会改变人类自身。这个变革仅源于一个理念:研发出能用离散字节形式存储和处理信息的装置。本书的目的即解读为什么看上去如此简单的理念威力却如此强大。

在过去的半个世纪里,当人们还未准确说出离散的、数字化形式的优点时,就出现了关于人们亲历的在技术上的巨大进步是否存在"极限"的问题。越来越多的元器件被集成到越来越小的空间,使计算机的运算速度越来越快。这种趋势能永远持续下去吗?计算机正变得日益聪明,还会有计算机也解决不了的问题吗?计算机会不会比人类更聪明?它们会取代人类吗?

在本书结尾,我们将回归开篇主题,并提出一个更基本的问题:数字计算机会永远优于模拟计算机吗?后者处理的是连续的、非离散形式的信息。换言之,在模拟世界中是否还隐藏着数字计算机无法企及的"魔法"?鉴于人脑既使用数字信息又使用模拟信息,莫非自然界自身也持有关于计算之终极本质的秘密?

本书读者是谁?

简言之,广义上本书的读者是对科学感兴趣的人,特别是那些对计算机感兴趣的人,但他们不必接受过相关的专业教育,只需对为什么计算机是数字化的问题感到好奇即可。本书并非一本计算机科学的导论性著作,也不介绍如何编程或使用计算机。书中既没有公式,也没有代码,但读者最好具备一些背景知识,了解现代计算机是如何在最基本的微观层面上开发的,并理解它们为什么会那样。

本书内容导览

计算机之所以是数字化的有众多理由，其中一些理由从本质上讲源于物理学，因此它们自然而然地倾向于更具体和更直观明了。例如，在自然界中噪声总是无处不在，往往会干扰信息。与噪声类似，电流由离散粒子电子的流动形成，这也就意味着在微观尺度上电信号必然是粒子化的。在本书的第一部分，我们就从讨论这些可靠计算面临的物理障碍开始，并介绍它们是如何通过存储和采用数字化信息予以规避的。

接下来，我们展示了众人熟悉的阀门概念为何能为所有类型的计算提供研发基础。晶体管就是一个硅阀门，而且摩尔定律所描绘的半导体技术的"爆炸式"发展为人们提供了集成有逾 10 亿只晶体管的芯片。我们会看到，该发展过程的极限将最终取决于量子力学，尤其是由海森堡提出的不确定性原理。

本书的第二部分聚焦于两个基本概念，它们实际上源于人类对通信的研究，而不是物理学，并导致了数字信号处理、高速网络以及互联网的出现。而这种几乎瞬间就能使全球共享音乐和图像的技术，仅在几十年的时间里就深刻地改变了我们的生活。

第一个概念是傅里叶分析，它告诉我们任何信号都可以看成是由一系列频率不同的信号组成的，这一洞察催生了奈奎斯特采样定理。该定理隐于带宽概念背后，可谓现代世界公认的关键资源，它决定了我们需要对音频信号、视频信号以多快的速率采样才能保有它们的所有信息。

第二个概念是噪声环境中的编码技术，用于保护信息。采用冗余来安全传输和存储信息的经验做法激发出了完美且影响深远的信息论，它相当成熟地从克劳德·香农的大脑中"跳"了出来。该理论的"皇冠"是令人瞩目（同时也令人惊讶）的噪声编码定理，它揭示了带宽概念的深度和重要性。

在本书的第三部分，我们将向更复杂、更具挑战性的领域进发。实际上，我们将止步于当今科学知识的边界。在我们的讨论重归模拟计算机之际，我们给出了一个本质上很难解决的问题的定义。就此而言，我们触摸到了现代复杂性理论、NP 完全问题等概念，以及计算机科学中最重要的开放问题。

最后，我们试问人类是否有办法超越今天我们所使用的计算机。这也就自然而然地引向了丘奇－图灵论题，它断言阿兰·图灵发明的假想计算机实际上代表了计算概念，而广义的丘奇－图灵论题则更进一步提出图灵机是所有实际计算（包括模拟）的化身。我们将会看到，从本质上讲这两个论题都不是纯粹的数学问题，哪一个也不能被证明，这也是人类朝量子计算机的终极能力问题迈出的一小步。

在组成本书第四部分的结论一章中，我们讲述了 6 个主要概念。在几乎不到半个世纪的时间里，它们使信息技术从模拟转变成数字，并促使现在的分组交换和光传输互联网的产生。我们已经抵达未知的边界：NP 完全问题本质上真的很难吗？（也许是的。）图灵机代表了所有实际计算的概念吗？（也许是的，它随着量子力学的发展不断升级。）计算机有意识吗，它们会痛苦吗？（这在很大程度上还悬而未决。）不论这些问题的答案如何，也不管这些计算机的"大脑"能否开发出未知的模拟或量子能力，数字计算机当前的加速发展都正在促进自主意识机器人的诞生。不论人们是否做好了准备，机器人来了！我们应该如何正视自身对后来人应承担的责任？我们人类的文化价值可以传承吗？

作者特别提示

我是在阅读像伽莫夫、柯朗和罗宾以及后来的罗塞尔和费曼等人的科普佳作中逐渐长大的。这些作品都具有一个本质特点：它们的表述通常很简练，有时候还会"走捷径"，但是它们从来不会欺骗读者。正如拉尔夫·莱顿在他的《费曼传》的前言中对假想的学生所说的那样，"本书中没有不需要了解的内容"。我的这本书是为了追随这些"大师"而作的。

最后，我必须承认我对模拟／数字主题有一种怀旧式的依恋。我出生的时代几乎与第一台实用数字计算机被开发出来的年代同步，但是我成长的过程中一直收听非常实用的模拟收音机。我的第一份工资是做暑期工为真空管数字计算机写汇编代码得到的，但我在一些大学本科课程中使用了模拟计算机。我的学位论文是关于模拟和数字信号处理之间的转换。我们从一系列的观点中创建了模拟／数字主题，该主题贯穿这本奏鸣曲形式的书的始终，我也邀你从本书第 1 章开始阅读。

第一部分

———

阀门世纪

第1章 离散革命

1.1 我的无聊黄金岁月

我们通常说的"计算机革命"意义甚广，它是一场关于我们的世界观从连续到离散的根本转变的变革。作为你的作者，我涉足该领域的时机不可能比目睹了这场突发转变的时机更好了。我于1939年步入这一领域，那时数字物品的研发还极其不易被觉察和缓慢，随之而来的战争年代的压力则显著且迅疾地推动所有人进入了我们现在所知的数字时代。本书阐述的就是这一巨变背后的基本理念和原则。世界为何以如此基本的方式从模拟的转变为数字的？作为一种沿着模拟化和数字化两条道路成长的物种，我们人类该向哪儿前进？

我对这个甚是灰暗的起点深表歉意，但"战争的脏手"在我们所称的"进步"的年鉴上留下指纹并且从未失手，这的确是一个事实。计算机时代的黎明与第二次世界大战中的解密尝试及原子弹的研发紧密相关。

1945年8月6日，我仅隐约有印象的情形是我在新泽西州而不是日本，而投弹手费雷贝正在通过他的诺顿轰炸机瞄准器的十字线观察日本广岛的相生桥。这个随后投下首个铀裂变原子弹并促成了第二次世界大战终点的轰炸机瞄准器，其实是一个模拟计算机。它用凸轮和齿轮、陀螺仪、望远镜等器件求解决定炸弹路径的运动方程，这些都是机械装置。尽管用计算机来称呼一堆运转的钢制零件可能会令当今的一些人吃惊，但它仍是一个计算机。直到20世纪50年代才有了两类计算机：模拟计算机和数字计算机。实际上，当时使用电子模拟计算机是求解某些复杂问题的唯一方式，而且在许多情形下非常有用。电子模拟计算机通过在一个接线板上插入电线进行编程，就像电话交换机一样（你可能在老电影中见过），而当进行任何有趣的难题运算时，接线板就会变得非常复杂。

但在20世纪中叶之前，任何事物都是模拟的，数字计算机还未被发明。孩提时代我所知道的最重要的信息技术产品是收音机，当时确属模拟的。当战后的生产机器转向消费品，顾客们能买到流线型新款塑料收音机时，那可是我最非凡的好运。无聊之夜意味着在路边经常能遇到巨大且是落地式的 20 世纪 30 年代的红木收音机，伴以轰鸣的低音和各种各样有趣的内部电子零件，只是限于调幅广播它几乎没有高音。我就是这样喜欢上真空管的辉光以及热松香芯焊料的芳香的，那些焊料凝结在电容、电阻器、线圈和其他更奇异元器件的弯曲引线周边。有时候我对找到的收音机会进行一次"验尸"，但经常是"活体解剖"，因为它们大多数还能使用，或经修理还能完美工作。在这些幸运的发现中，一些收音机甚至还有短波功能。

收音机是全模拟的，电视机出现时也是全模拟的，电话也是，没有别的啦。

1.2　技术的怀旧与美学

图像和声音信号整天都在"涌入"或"飘出"我们的大脑，处理那些信号的设备，比如收音机、电视机、录影机、音乐播放机和电话，在 20 世纪下半叶，亦即我的有生之年，已都是数字化的。一个结果就是我们每天使用的、现在称为数字信号处理器的设备，或多或少都在趋同：一台模样"呆板"的机器，在本质上是显示器背后、置于塑料盒子中的小芯片，以及偶尔甩出的两根电线而已。相反，在美好的旧时光中，收音机就是"收音机"，电视机就是"电视机"，相机就是"相机"，电话就是"电话"。你看它一眼就能知道该设备能干什么，并且有时候你真的需要一头大象来搬运：我在好友帮助下费力搬回家的斯特龙伯格－卡尔森落地式收音机，外壳为坚固的木板，像个大柜子，内部装有巨大电磁铁的扬声器、一个大发光拨盘、重型旋钮，让使用者，譬如小孩（估计大人也一样），拥有了操控一件诸如太空飞船似的重要设备的感觉。

我最喜欢的是调谐指示器的"神秘眼"，它通常是 6E5 真空管，尾部有一个荧光屏，可在收音机前面板的圆洞中看到。它发出与信号强度成比例的暗新月状绿色辉光。仔细调台，把新月牙缩小至窄缝，会是一种愉悦的体验，尤其在一间光线暗淡的屋子里，神秘兮兮的绿光看上去一定很神奇。如今，按下收音机电台的频率按钮或单击网页中的超链接则不会让人有类似的触觉或视觉愉悦体验。如果你的孩提时代迟于这类电子管设备的出现，那么你可能不知道我在说什么，这也是怀旧的人的天性。毫无疑问，距今 50 年后的 iPhone 也能激发类似的情感，那时信号或许能直接完美地"输入"我们的大脑，而不再需要任何美好的小媒介机器啦。

当然，目前有些复古款式和怀旧设备的市场也很活跃，某些时尚设备随着诸如虫胶、黑胶及模拟磁带录音机或胶卷相机，以及曾广泛运用的化学成像技术的消失而"成长"。经常听人们说真空管放大器拥有"更暖"的声音，但暖声究竟多大程度上是由真空管模拟技术固有的非线性失真或热真空管自身的辉光所致，我们并不能确定。

有时候怀旧的情感趋于神秘主义。睡莲音响唱片公司制作印度经典音乐的顶级录音唱片，他们在录音全过程中付出了艰苦的努力，以保护声音免于数字污染。例如，乌斯塔德·伊姆拉特·汗的激光唱片的宣传册里做出如下保证。

这是特制的纯模拟录音，采用定制的真空管电子设备。麦克风是经典的 Blumlein 布局。在制作本录音唱片时没有采用降噪、平衡、压缩等处理方式或任何限制。

该宣传册还进一步描述了麦克风（使用了电子管）、录音机 [Ampex MR70 型、0.5 英寸（1 英寸 = 25.4 毫米）磁带、双音轨、每秒 15 英寸录音带，使用 Nuvistors 迷你真空管] 等。

即使不考虑精神价值，一张精美的模拟录音唱片，或者同样的，一张精美的用胶卷拍摄和印制的模拟照片，就技术角度而言，可远胜于一张糟糕的数字录音唱片或糟糕的数字照片。关于模拟和数字技术的终极及实际局限，随着本书的深入我们还有很多要说的。

1.3　一些术语

迄今为止我们一直在相当随意地使用数字、模拟的术语。在继续介绍后面的内容之前，我们有必要阐明这些术语。就我们的目的而言，数字意味着用一系列或一组数字来代表我们感兴趣的信号；模拟意味着用某个连续变量的值来代表一个信号。这个变量可以是电路中的电压或电流，或者说，某点的场景亮度、温度、压力、速度等，只要它的值是连续变化的。数字信号的所有可能值都能被计数，而且它们之间存在明确的差距；但是模拟信号的值不能被计数，而且它们之间也不存在确定的差距。一般而言，我们用离散（实际上是离散值）来指数字，用连续（实际上是连续值）来指模拟，尽管这种做法忽略了一些不太重要的差别。

例如，当你购买一个腕表或钟表时，你面临挑选一个模拟表盘还是数字表盘的问题。这正是我们使用这些术语时面对的情形。但是，请注意我们所指的是"表盘"这一事物，而不是这些计时器的内在机制。有些模拟表盘的钟表具有可以连续运动的指针，而数字表盘呈现的是不连续变化（亦即突变的另一种说法）的数字。钟表指针实际上通过齿轮旋转的位置表示时间。当今时代，有模拟表盘的一般钟表均具有数字化的内部计时机制（除非那些旧时尚的上弦钟表）。但另一方面，也有相反种类的钟表，它是模拟机制的但使用数字表盘——通常运用齿轮和凸轮装置来转动印刷数字的表盘。

在 2015 年的 π 日（3 月 14 日）早上，有一时刻正好在 9:26:53 之后一点点，这一时刻可以写作 3.14159265358979……，也就是 π。该时刻往轻里说是稍纵即逝，实际上它无限短，而且绝不再重来，永远不。如果你恰好盯着模拟表盘上的指针，你可能会尽力在 π 那一时刻拍照，但是成像本身也会耗费一定的时间，因此你一定难以区分上一时刻与下一时刻的指针。那是测量任何类型的一个模拟量都不可避免的问题。

　　不论是在计算机、智能手机、铜芯电缆里，还是在与放大器电路类似的电气线路中，用电压来代表声音和图像信号非常普遍。这是常见的方式，用麦克风和视频摄像机记录此类信号，记录下的信号用电路中的电压传输和再现。麦克风把空气中的声波转换为一个时变的电压。视频摄像机把光图像转换为一系列时变的电压。这些声音和图像信号通常以模拟信号开始它们的"生命"，若假定要用数字方式对它们进行处理，那它们被初始捕获后就会被转换为数字信号。

　　把模拟信号转换成数字信号的装置自然而然被称为模数转换器（A/D转换器），而相反的运算由数模转换器（D/A 转换器）来实现。因此，例如数码相机的光敏显示屏事实上是一个 A/D 转换器，而你的计算机显示器事实上是一个 D/A 转换器。

　　当使用数字、模拟、离散和连续等术语时，我会尽力把我的意思表达清楚，我也会指出一些可能的混淆根源。

　　首先，经常出现的是时间本身而不是信号的值常被视为离散或连续的。当有任何可能的混淆时，我将清晰地声明考虑的是时间。

　　其次，有一个令人尴尬的事实，即标准的数学术语会以稍微不同的方式使用"连续"一词。用数学术语来说，如果一条曲线不从一个值突然跃至另一个值而是平滑地变化，它就是连续的。学过微积分的读者将能注意到这一替代性解释而不会混淆它。

　　最后，物理学家从另一个意义上使用离散这一术语。该用法最重要的一个例子在我们询问"光是什么"时就会浮现。这个问题困扰了科学家数个世纪。有时候光表现得像波，例如当我们观察到衍射环时，这一点就确凿无疑。如果我们将一束窄光（譬如从一个激光器中）对准一个针孔，并把结果投影到一个屏幕上，我们将会得到一组同心光环，光环距中心点越远，光环亮度就越小，直至消失。事实证明，如果我们把光看作波，这一结果将易于解释，但我们把光视为粒子的话将难于解释它。另一方面，如果我们把光对准一个探测器并逐渐降低光强，最终光并没有无限制地变得越来越暗。在某一点时，光开始以一份一份的形式抵达探测器：咔嗒……咔嗒。如果你用连接了放大器和扬声器的灵敏探测装置接收光，你就能听见这些咔嗒声。该实验和许多其他实验证明光是由粒子组成的，而波将逐渐消失，强度也会无限减弱。光粒子，也称为光子，是不可分的。不存在半个光子或半个咔嗒声之类的事物。一声咔嗒或者发生或者不发生，所有的咔嗒声都一样。在这样的情形下，我们说光是离散的，它表现为离散粒子。

所有的大块物质——原子、分子、电子、质子等，也与光子一样，以看似相悖的方式运动。这一不解之谜有时被冠以"波粒二象性"的名字，最终由百年前一批非常聪慧的人士的大量杰出工作予以阐明。上述解释被称为量子力学，它不仅是革命性的物理学分支，也改变了我们看待世界的方式。

量子力学和普通物理学在本书的内容中起着重要的作用，我们会经常回归它们。这是非常"小"的科学。就像巴德旺指出的那样，比尔·盖茨之所以创造了自己的财富，是因为他能利用微（软）技术和纳米技术，而量子力学为他的每一美元财富贡献了至少30%。

后续我们会更多地述及量子力学。接下来我们将转向物理噪声在约束模拟设备的性能方面的基本作用，以及数字设备规避这一难题的方式上。

第 2 章　模拟信号怎么了?

2.1　信号和噪声

我们在日常生活中常说到信号和噪声,但对于音乐爱好者、失眠者或者股票交易员等不同人群,噪声有着不同含义。

科学家和工程师们以下列特殊方式使用这两个词语:信号是消息的载体,噪声不携带有用信息,而对信号产生干扰。在过去的几十年里,信号和噪声已经从物理学和工程技术应用扩展到更广泛的用途。例如,美联储报告中会说某项政策的信噪比。

噪声在现实世界中不可避免,并且几乎总是不受欢迎,因此研究噪声对模拟信号和数字信号影响的差异很值得关注。例如,音乐会上音频放大器显示的(模拟)电压,反映了麦克风处的(模拟)声压波。

比如,在某个特定时间,模拟信号的值可能是 1.05674……伏。我们可以仅记录该值到一定数量的小数位,但理论上模拟信号的值可以无限写下去。数学上,代表模拟量的这类数字被称为实数。当信号通过电路传播时,放大器中的噪声会改变信号值。可能在某一时刻,由于增加了 –0.00018……伏的噪声,电压的模拟信号值会变为 1.05656……伏。我想特别指出的是,这些数字是实数,通常不能简洁到用有限的数字写出来。重要的一点是模拟信号被噪声破坏后变得模糊通常是一个不可逆的过程。

将此与数字信号特定位(比特)的情况进行对比,数字信号在计算机中的任何特定位处仅取值 0 或 1。如果某个点的噪声非常大,则可能将 0 变为 1 或 1 变为 0,否则只要我们被允许为数字信号的特定位赋值,那它的值就是 0 或 1。在下一章中,我们有更多关于这一关键差异的阐述。这里需要注意的是,噪声存在一定的阈值,低于该阈值的噪声根本不会对信号产生影响。我们很少有机会完全准确地使用"完美"一词,但如果我们能确保数字机器中的噪声低于其阈值，就可以认为这个设备的运转是完美的。

2.2 复制和存储

我们现在遇到了模拟信号和模拟设备的第一个重要问题：每次以任何方式存储、检索、传输、放大或处理模拟信号时，信号都不可避免地受到噪声的破坏。我们可以非常小心地减少噪声量，但不可能减少到 0。此外，当我们继续处理信号时，噪声的影响是不可逆的，并且是累积的。

这种现象对编辑声音的人来说是众所周知的。在模拟时代，如果你为歌曲录制音轨，随后经过合并音轨、添加更多音轨、过滤结果等操作，那么最终你得到的歌曲可能会因为质量太差而不能使用了。因为处理的每个环节都增加了各自的噪声。比如，当你使用模拟磁带机完成 10 或 20 次处理后，声音会因失真严重而难以使用。而假设我们对声音信号的每个值使用足够多的 0 或 1 二进制数来表示，数字编辑则不会受到这种限制。

2.3 噪声的来源

上文已经说了噪声是不可避免的，但没有解释为什么会这样，或者噪声最初来自哪里。实际上，在物理系统中噪声有很多产生方式，并且关于其性质和必然性的问题也有深入分析。在后面的章节中我们将逐步给出答案。

最简单的起点是，世界由处于不规则运动的分子、原子和其他粒子等组成。这些粒子难以用肉眼观察到，但是如果你能在一个温暖的夏日用超级显微镜来观察平静草地上方的空气、宁静水池里的水，或者池中的岩石，你会看到不断运动的微粒。温度越高，粒子的运动越快。当这种不规则运动破坏了我们感兴趣的信号时，它被称为热噪声。从某种意义上说，热噪声是最基本和最容易理解的一种噪声。

热噪声为物质是离散的提供了第一个直接证据，而科学家用了近 100 年的时间才最终得到物质是由粒子组成的理论。1827 年，苏格兰植物学家罗伯特·布朗观察到了悬浮在水中的花粉颗粒的随机运动。在他之前已有科学家注意到这一点，但布朗通过对这一现象的仔细研究指出，这一运动并不像他之前想的那样是由花粉中的任何生物体导致的，而是由水分子无规则运动不断随机撞击悬浮微粒引起的，这一现象现在被称为"布朗运动"。在 1905 年的"物理奇迹年"中，阿尔伯特·爱因斯坦发表了从理论上分析布朗运动的论文。后来让·巴蒂斯特·佩兰通过实验验证了爱因斯坦的这一理论，并于 1926 年获得诺贝尔物理学奖。

2.4 电子设备中的热噪声

我们经常处理电子设备中的信号和噪声，它们用电压和电流表示。电子设备中的热噪声是由导体中电子的热振动引起的，它存在于诸如电阻器等所有电子元器件和传输介质中，是温度变化的结果。

以一个典型的模拟电子设备为例，模拟信号无线电接收器的信号处理由一系列级组成，这些级将达到天线的信号（以微伏为单位）放大到可以驱动扬声器（以伏为单位）的程度。无线电接收器中的放大器可以很容易地将信号大小增加 100 万倍。而干扰天线接收射频（Radio Frequency，RF）信号的噪声也会被放大很多倍。因此，在模拟设备前端的噪声控制最为重要。例如，年长者经常在老式模拟信号电视机中见到的"雪花"，就是噪声跟随信号进入天线及经过放大过程后的表现。

无论是收集无线电信号还是光信号，天文学家都需要将成像系统中的噪声最小化。因此，一种常见的做法是使用液氮或液氦将其电子检测设备冷却到极低温度。

2.5 电子设备中的其他噪声

热噪声不是电子设备中唯一的噪声。散粒噪声的存在是因为光是由离散的光子构成的（光的粒子性），电流具有的量子特性是不连续的，就像光束中的一个个光子到达某个表面，或沙子在沙漏中的掉落一样。大多数情况下，每个电子的电荷都很小，所以强度并不明显。例如，明亮的白炽灯泡使用的 1 安电流对应于大约每秒流过 6×10^{18} 个电子。

散粒噪声的强度由电子的固定电荷决定，因此电流越小，散粒噪声相对越大。集成电路晶体管中的电流远小于上面提及的白炽灯泡中的 1 安电流，可能以微安（10^{-6}）、纳安（10^{-9}）甚至皮安（10^{-12}）来度量，更远小于供电电流，像是"雨落到铁质屋顶上"。霍洛维茨和希尔在 1980 年通过实验对此进行了验证，当电流是 1 皮安时，散粒噪声的相对大小超过了 5%，几乎难以忽略，具有相当大的潜在干扰性。

电子设备中出现的另一种噪声是爆裂噪声，它表现为电压或电流的突然和随机偏移，也被称为爆米花噪声，该名称源于在扬声器上听起来像爆爆米花的声音。造成这种噪声的原因不止一个，主要原因是半导体元器件的缺陷，特别是晶体半导体的缺陷。通过半导体制造过程中的质量控制和制造后的检验测试，剔除噪声较大的设备，可以最大限度地降低爆裂噪声。现代半导体工艺技术的洁净度已非常高，爆裂噪声几乎被消除。从某种意义上说，与热噪声和散粒噪声相比，爆裂噪声不再是主要噪声来源。

最后，我们介绍一下 $1/f$ 噪声，也叫闪烁噪声或粉红噪声，它比之前提到的几种噪声更难以解释，却十分重要。为此，我们需要引入频谱或功率谱的概念。我们可以将信号或噪声理解为不同频率弦波的和。例如，老式无线电收音机能显示出其可以接收电磁波频率的范围。棱镜将白光分解为彩色光带（光谱），说明光波都有一定的频率，就像收音机接收的电磁波具有一定的频段范围一样。光的颜色由光波的频率决定，在可见光区域，红光的频率最小，在光谱中处在靠近棱镜顶角的一端；紫光的频率最大，在光谱中处在靠近棱镜底边的一端。

热噪声是"白色"的，它的频谱是平坦的，意味着所有频率都是相同的。实际上,任何信号或噪声都可以用傅里叶变换转换成在不同频率下对应的振幅及相位。傅里叶分析在众多领域都有着广泛的应用,是许多科学和技术领域的重要工具。傅里叶分析以让·巴普蒂斯·约瑟夫·傅里叶的名字命名,傅里叶用它解决热扩散的重要问题。在傅里叶的工作之前,已有对一个波可以分解成不同频率的波的研究,傅里叶给出了一套数学理论,假设任何波都可以分解成其组成频率的不同波。在第 6 章的信号处理中,我们将详细讨论傅里叶分析。

后来,当约翰逊在 20 世纪 20 年代中期测量热噪声时,他测量到低频的额外功率。今天,这种额外功率有时被称为过量噪声,因为其增加了热噪声。约翰逊发现在低频下这种过量噪声的功率与频率成反比,因此得名 1/f 噪声,其中 f 为频率。这表明频率范围相差 10 倍时的过量噪声总是相同的。例如,频率为 100 赫兹 ~ 1000 赫兹范围的过量噪声与频率为 10 赫兹 ~ 100 赫兹以及频率为 1 赫兹 ~ 10 赫兹范围的过量噪声是相同的,依此类推。具有这种频率分布的光呈现粉红色,因此这种噪声又称为粉红噪声。对于频率相差 10 倍时的过量噪声是相同的,另一种解释是,随机性发生在所有时间尺度上,过量噪声的组成成分会以各种速率变化。

对 1/f 噪声的考虑给我们带来了一个有趣的难题:如果你将所有的低频信号的噪声相加,会得到无穷大的噪声,也称为红外灾难,可以由每 10 倍频率都有相同的噪声这一事实给出证明。假设有频率为 10 赫兹 ~ 100 赫兹的信号,对于该频率范围内的任意功率 P,增加频率为 1 赫兹 ~ 10 赫兹的信号,得到信号噪声为 $2P$;继续增加频率为 0.1 赫兹 ~ 1 赫兹的信号,则信号噪声达到 $3P$。如果功率谱为 1/f,增加的信号频率可一直下降到趋于 0,该过程可以无限进行下去,所以信号噪声总功率会无限地增长。而由一个看似无害的 1/f 噪声的小电阻产生了无穷大的噪声功率,这是令人非常不安的。

与此同时,如果我们将频率不断上升的信号噪声总功率相加,也会出现类似的问题，这称为紫外灾难。当然，实际系统中高频噪声容易消除，而极低频噪声难以消除。

这一难题引起了人们的广泛关注，因为在低频下表现得像 $1/f$ 噪声的功率谱，在除电子产品之外的多个领域都会出现。例如，米诺提和普莱斯研究得到，这种噪声与百慕大的海流速度和海平面变化、地震、太阳黑子数量、类星体的光线曲线，以及声音响度和音调波动等现象都密切相关。这种响度和波动现象在日常对话的语音和音乐广播中都很常见。

当物理学家和数学家在看似无关的领域发现类似现象时，他们会对可能的原因展开研究。正如米诺提在他的论文中提到的，"功率准则的出现……似乎表明在那些无处不在的光谱中还隐藏着更深层的东西"。普莱斯分析了碳电阻器、锗二极管和真空管 3 种不同电子元器件中的 $1/f$ 噪声光谱图，在其论文中他提到："图中噪声功率谱在测量的最小频率处仍然在上升，让人非常疑惑。"低频下噪声功率的增加意味着噪声在很长的频率范围内都是相关的。而在对多个领域的低频段进行较长时间的仔细测量过程中，噪声功率却趋于平稳。这种难题目前仍然存在，比如：电阻器如何在数周或数月的电压波动中保持平稳值？

米诺提和普莱斯的研究都未能对 $1/f$ 噪声是否具有深刻性和一般性得出任何结论。米诺提风趣地总结道："我的印象是 $1/f$ 噪声背后没有真正的谜团，没有真正的普遍性，并且在大多数情况下观察到的 $1/f$ 噪声已被解释为其他特别的模型。"

这段"噪声之旅"的目的是想说服你，或者想告诉你，物理系统中的噪声是不可避免的。我们稍后会给出原因，但现在我们已经逐渐了解了噪声是如何对模拟信号处理产生影响的。

2.6 数字免疫

"软件腐烂"是一个引人注目的技术术语，但软件当然是不会腐烂的，它是文本，而它"腐烂"的速度也不会比莎士比亚戏剧更快。我们在使用软件过程中，会在无意中或者未经充分考虑后果的情况下，更改软件代码，这可能会导致软件系统出现故障或性能下降。但是，如果将相同的软件加载到具有相同配置和初始状态的计算机上，计算机将以确定性的方式运行并始终执行相同的操作。稍后我们将看到，由于噪声和量子力学现象等，世界本身往往并没有确定性的行为。值得关注的是，出于实际目的，人们经常用确定性的行为方式来面对非确定性世界中的事情。

软件和文本都可以看作数字形式信息的示例，它们可以完美地存储、传输和检索。有些人可能会对这种绝对的陈述有疑义。毕竟，固态存储器都会突然出错，但这种情况发生的概率是可以忽略不计的，为小数点之后数个 0。此外，通过引入冗余机制或某种更高级的编码方式（当然需要付出某种代价），数据被破坏的概率可实现尽可能小，我们将在第 7 章中进一步讨论这个问题。基于上述理由，我们可以更自信地说，丢失任何数字信息的概率都会非常小。

最后，你可以说任何介质的性能都会随时间衰减，因此从长远来看以数字形式存储的数据也会丢失。但由于以数字形式存储的数据可以完美复制，因此可以将其转移到新发明的介质上。20 世纪 70 年代早期，普林斯顿大学研制成了可以运行数模或模数转换程序的机器，当时被称为"小型机"（例如著名的惠普 2100A）。当时软盘尚未出现，这台机器标准的程序输入、输出使用的介质是穿孔纸带。当时这台机器几乎专门用于音乐的数模转换，利用巨大的数字磁带驱动器，程序还是从纸质的纸带读取器读入。纸带的磨损或撕裂会影响记录的文字信息，因此需要多个备份的副本。聚酯薄膜胶带的出现大大改善了这一状况，因为人们很难用手将这种胶带撕开。虽然聚酯薄膜胶带看起来几乎坚不可摧，但仍需要多个备份的副本。当然，如果你今天想要运行这样的程序，需要找到相应的纸带读取器，先将纸带内容复制到现在常用的更现代的介质上。这类纸上小孔的直径是 1.83 毫米，肉眼清晰可见。

你可以想象几十年以来存储介质的演化过程，从穿孔纸带开始，发展到穿孔聚酯薄膜胶带、软盘、光盘、闪存，一直到 DNA，谁都不知道未来的存储方式是什么，但存储程序的代码将保持相同。

电视机可以作为从原理上说明数字信号不易受到噪声干扰的另一个例子。如今，人们欣赏着有线或卫星信号传送到家中带来的高清数字图像。这些数字信号的准确传输以及接收，极大地改变了人们的生活。但当这些数字信号不能准确传输时，会给人们的日常生活带来巨大的影响，人们会致电电视信号服务提供商进行投诉。模拟电视机正在逐渐消失，但是年纪较大的人仍会记得以前老旧电视机里面出现的"鬼影"（原始图像的较暗的重影图像）和"雪花"，以及自己为了改善图像质量去消除鬼影和雪花所做的努力，这些我们在前文讨论热噪声时提到过。同样，数字广播和音乐现在可以提供非常干净的声音，或者说不存在任何噪声的声音。难以想象，在多年以前，调幅收音机和黑胶唱片中的噼啪声和砰砰声，以及调频收音机在频段边缘接收到的嘶嘶声，还是听觉世界中不可避免的一部分。

顺便提及，视频或音频信号的广播可以被看作一种存储形式：信号存储在电磁波中并由接收器接收。无线电以光速传播，在地球上可以认为无线电信号能在 1 秒内到达任何地方，而无线电信号从地球传到土星则需大约 79 分钟。要想将贝多芬的《第九交响曲》发送到土星，可以将其以电磁波的形式在太空中传播，而非以模拟化存储的乙烯唱片或者数字化存储的光盘形式。这需要有足够功率的发射机和足够大的接收天线，才能实现速率与从光盘读 / 写相当的可靠传输和接收，当然这是美国国家航空航天局（NASA）要考虑的事情。顺便说一句，光速是约每秒 3×10^8 米，从旋转的光盘读 / 写数据的速率是每秒 176400 字节，因此地球和土星之间传播的《第九交响曲》分布到每 1.6 千米大约 1 字节。

当然，数字信号不易受到噪声干扰的更有说服力的例子是，不论是否明显，现代世界的所有设备本质上都可以看作计算机。例如，台式机、笔记本电脑、智能手机、数字手表、GPS 定位器、汽车发动机控制单元和数码相机等，这些设备都在以每秒数百万次的高速度准确无误地执行着数字信息处理任务。

2.7　模拟老化

与数字处理相比，模拟处理是另一回事。模拟信号中的信息由不同的物理量表示，过去与现在使用的任何一种介质都会受到某种影响而被破坏，例如电压、电流、电磁波，以及明胶中的卤化银晶体、虫胶或乙烯基中的凹槽、磁带上的氧化铁磁化颗粒等。同样，将模拟信息从一种形式转换为另一种形式，也总会受到各自噪声影响而带来缺陷。例如，电机与平台的位置摆放、旋转速度的不完全相同、触控笔与不均匀凹槽的接触等原因，都会增加 60 次运行循环的电源线与低音线缆的耦合影响，并增加隆隆的声音。

2.4 节和 2.5 节中关于电子设备中的噪声的讨论，说明了模拟噪声的一些最明显和最常见的表现形式。此外，我们也不应忽视所有模拟信号在本质上都是有生命周期的。举例来说，许多早期的电影胶片，尤其是那些无声电影的胶片，由于材料老化已经完全无法使用了。事实上，直到 20 世纪 50 年代才逐渐不用的硝酸盐薄膜原料高度易燃，如果不妥善储存和处理是特别危险的。

任何类型的模拟信号被噪声破坏后通常都是不可逆的。即使有可能通过某种过滤或修补的方式，来降低唱片上划痕的影响，但累积磨损和材料老化所带来的影响总是永久性的。恢复旧录音和电影胶片的问题，是一个巨大的甚至是有争议的问题，当我们稍后讨论数字信号处理问题时，还要进一步说明。

回到正题之前还要指出下面的注意事项。

2.8　注意事项

我希望正在讨论的是一般原则和最终趋势，而非某个特定时间特定应用的细节。我不能和音响"发烧友"争论他们的最先进系统能否从之前未播放的新唱片中听到最好的声音，以及带有一对黄金输出管的模拟放大器是否驱动着 18 千克重的变压器；或者拍摄电影时场景摄影师捕捉到的绝美场景，出于种种原因难以用数码相机拍摄到；甚至在某些特定应用中，模拟计算机在任何时间都能完胜数字计算机。我也不能否认某些具有精美设计的古董机器的强大美学吸引力，我承认这一点，事实上这些机器的美也一直深深地吸引着我。但随着技术的进步，我在本书中主要会解释为什么数字信息处理能够胜过模拟方法，并且优势可能会越来越明显。在本书第 3 章中，我们会讨论一种具有高度投机性但又有趣的观点，即对于某些关键问题，模拟机器会更好。

我还应该证明以数字形式存储的数据是永久的。当然，前提是新介质存储和更新数据的方式到位，因为所有数字化数据最终也都要存储在实体的物理介质中，而存储介质本身的材料会逐渐老化。此外，数据存储和更新过程中，数据的复制和转移也必须完美无误，要能保留所有原始信息，每一比特数据都相同，称为"比特忠实"。而事实并非总是如此。例如，使用冗余位编码的光盘，在光盘表面有些划痕时也能播放，但如果我们不完美或无限地复制副本，我们存储的数据也将逐渐失真。但是，相对简单可行的编码方式是数字化思想的优势之一，这使得现代数字通信成为可能，这一点我们将在第 7 章中展开讨论。

第3章 信号标准化

3.1 回忆

20 世纪 60 年代，普林斯顿大学洛教授的办公室在走廊的尽头，与我的办公室离得不远。我会时不时地走到他那里，看看他在做什么。他享有盛誉、深沉，是一个思想家，他总是乐于和新来的年轻人聊天。我曾经常发现他叼着烟斗"喷云吐雾"，透过蓝色的烟向外看。他的重要才智是能把看上去复杂的难题归结为一个简单、明了的形式。他告诉我能做成数字计算机的两个原则：信号标准化和控制的指向性。这些现在可能会被认为是显而易见的，但当时可是计算机出现的早期，根本没有显而易见的事。我很高兴从那时起我就拥有这些思想。

3.2 1 和 0

数字介质的显著特征简单地表现为一个信号承载的信息仅能呈现为一个离散值。在这种情形下，呈现方式越简单越好，而且事实证明仅用两个不同的值或字节就可能实现，人们按惯例将它们称为 1 和 0，或者真和假，或者开和关，具体依内容而定。这些值通常被称为逻辑值，以区别用来代表它们的模拟物理量的数值。在真实电子电路中，真和假的值可以用任意特定点的 5 伏和 0 伏，或者 2 伏和 –2 伏来代表。只要我们使用了两个不同的、能可靠区分的值就行。这也是为什么计算机科学家们用两个手指而不是 10 个手指、用二进制计数而不是十进制计数。数字技术超越模拟技术占据主导地位的原因，是存在信号值的离散选项，譬如三进制或十七进制也行，尽管它们不简练。

但是在某些情形下，仅使用两个可能值有实际好处。只要我们需要这样做，我们即可使用一些物理信号的正值和负值来代表字节，乃至一些信号的存在与否。

问题的症结出现在模拟和数字相交处。真实世界是模拟的，因此我们如何保证信号仅表现为两个可能的值呢？在名为"信号标准化"的自然过程中我们有望找到该问题的答案。比如，在某些典型电子电路中比特值可用标称值的 5 伏代表真、0 伏代表假。正如我们所熟悉的，模拟值是存在的，但它们被电子设备中的噪声破坏了。有时候，一个"真"信号可能实际是 5.037 伏；而在另外一些时刻，同一个"真"信号可能是 4.907 伏。有时候，一个"假"信号可能是 0.026 伏，而另一时刻却为 0.054 伏。处理这些值的电路被称为数字逻辑电路，它们具有极其关键的特性，能使 0 伏附近的值逼近 0 伏，5 伏附近的值逼近 5 伏，这起到了对信号标准化的作用。而从某种意义上说，一个逻辑值为真的信号将一直用一个足够接近 5 伏的电压表示，以区分一个 0 伏的信号，或反之。

特定类型计算机完成标准化的方式因计算机种类而异。当今大多数计算机是电子的，对信号进行标准化的电路只需确保高于 2.5 伏的电压被推向 5 伏，而低于 2.5 伏的电压被推向 0 伏（继续我们的例子，5 伏代表真，0 伏代表假）。出现错误时，电路中一定存在某点，其噪声大于 2.5 伏，而在通常的电子电路中，已能用百万分之一伏的精度测量平均噪声偏移，因此发生前述状况的概率无限小。

数字计算机可用类似齿轮和凸轮的机械部件，或者输送空气和水之类流体的管路制造，但适用相同的原则：从一个阶段到下一个阶段，或每隔若干阶段，逻辑值必须被标准化，以确保出于实用目的我们能一直认为代表它们的信号具有离散值。

本节的精华可用图 3.1 中呈现的信息刻画。对读者而言，如果幸运数存在的话，我给出的是它形而上学的解释。

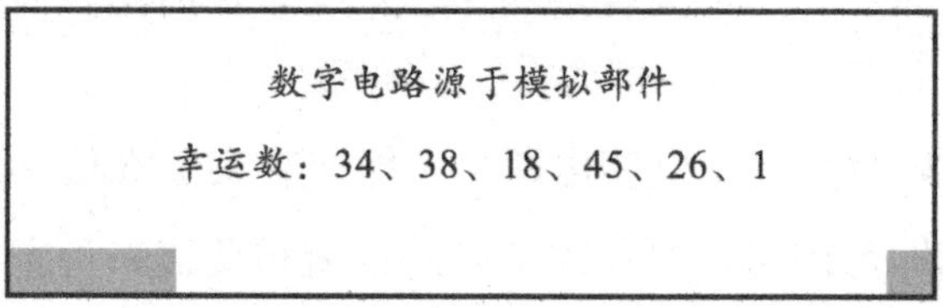

> **数字电路源于模拟部件**
>
> 幸运数：34、38、18、45、26、1

图 3.1　我真的曾在中餐馆的签语饼干中获赠这些幸运数。

3.3 控制的指向性

在上文中我未予解释就提到，在数字计算机中逻辑信号沿一个方向传播，从一个阶段到下一个阶段。这给我们带来信号传送元器件必须具备的第二个临界性质，即要使计算机工作，信号必须是非方向性的。施控元器件必须控制被控元器件。

根据这一理论，我们可以把数字计算机视为一个由称作"门"的互联元器件构成的网络，每一个门都有名为"输入"的施控逻辑信号（每个真或假），它决定名为"输出"的受控逻辑信号。这并不是说，控制不能反馈到自身。很可能发生如下情况：门 A 控制门 B，门 B 控制门 C，而门 C 反过来又控制门 A。但是每个门根据它的输入决定它的输出，而每个门的输出只能控制其他门的输入。

3.4 门

普遍使用的门完成常识性的事情，极易理解。例如，与门具有两个输入和一个输出，当且仅当两个输入都是"开"时输出是"开"。此处我们不必就不同类型的门以及它们如何用于构建各种各样的有趣事务，诸如互联网浏览器和语音合成器等，赘述任何细节。相反，我们集中精力于使数字计算机成为可能的、少数非常简单的结构性原则（诸如信号标准化、控制的指向性），以及信号允许变化（计时）时的刚性控制等。

但是鉴于必须研发的门数以千计，而每个门又都有特定的应用，我们确实不得不担心面临的潜在困难。我们运用直抵每位计算机科学家内心的模块化原则来规避这一点。若无该原则，实际上我们将不可能组装当今人们使用的复杂的数字计算机。计算机以模块化结构的层级组织而成，一层接着一层，这些层使用几个非常简单的抽象概念开发而来，并且事实表明，在底层我们能使用"阀门"——即起逻辑门作用的元器件，就像我们每次打开水龙头时使用的阀门，一个我们通常不会用抽象词思考的行为。如果你因如下想法而欣喜——研发你的智能手机的智能部件的全部所需仅是一盒相同的部件（10亿或20亿个！），那么你实际上就是一个计算机科学家！

你能用一种部件研发一台计算机的说法也许是一个笼统的、令人吃惊的论断。例如，你或许会对时钟和存储器产生疑惑——从一个阶段到另一个阶段步进逻辑值时我们需要时钟，为了未来使用而保存值时我们需要存储器。而这些也能运用某些反馈策略手段基于阀门进行研发。完整的故事将会牵涉无必要的兜圈子。但作为一个基本的数字计算机部件的阀门的故事，此处值得稍微详细讲述，因为它与电子的发现密切相关，而且有点儿类似悖论的是，它也与塑造了20世纪上半叶的纯粹模拟技术的发展有关：收音机、电视机、电话、雷达等所有的电子产品。

3.5　电子

1897年，正好100多年前，J. J. 汤姆森爵士发表了一篇重要的论文，证明名为阴极射线的真空中的电子流，实际上是由微小粒子（微粒）流组成的，并提出这些微粒是所有物质的一种基本成分。我们在前文说过这与散粒噪声有联系。此为几乎所有事物的离散特性被发现的一刻。人们一般认为该论文实际上等于宣布发现了电子，并促使在接下来的几十年中人们"打开"了原子、揭示了其结构。即使在该论文被发表一个多世纪后的今天，阅读该论文亦很令人愉悦。汤姆森非常清晰地描述了他与实验不确定性的"斗争"，全文闪耀着他的聪慧之光。

3.6　爱迪生的灯泡难题

汤姆森研究的阴极射线按以下方式产生。如果在一个被抽成真空的玻璃壳内加热耐高温材料，比方钨制成的灯丝，电子将从其表面蒸发。也就是说，电子具有的热能允许电子从通常约束它们于灯丝的力中逸出。托马斯·阿尔瓦·爱迪生在完善其灯泡时使用了碳丝，遇到了两个难题：一是碳在灯泡的内侧沉积，他确信是灯丝蒸发的碳所致；二是随之而来的灯丝变细和断裂问题。为解决第一个问题，爱迪生试图在管中引入第二个电极以阻止积碳。在不计其数的实验中，爱迪生发现了从灯丝流向第二个电极的电流。他在 1883 年为该元器件申请了专利，这种效应被称为爱迪生效应。其他与经特殊制造的、被抽成真空的管中载流相关的工作，以及这些管的发明，一般被归于威廉姆·克鲁克斯爵士大约在 1875 年的贡献。而电流的本质是在汤姆森 1897 年发表的论文中被说清楚的。

1904 年，约翰·安布罗斯·弗莱明应用了爱迪生效应。当时他用一个圆柱板（带正电的阳极）把灯丝包起来，用该元器件制造了一个新型二极管。这样一个二极管的显著特性是电子仅能沿一个方向在其中流动，本例中即从丝极（指灯丝电极）到阳极而不能反向流动。在某种意义上这就是第一个真空管，并被称为二极管，因为它在玻璃壳中有两个电极。现今二极管一词指的是一个固态元器件，但是在半个世纪的时间里大多数二极管是用一个装有加热灯丝的被抽成真空的玻璃管的方式制造的。

弗莱明的元器件作为二极管或单向阀的原理是显而易见的，实际上比固态二极管的工作原理更容易理解。自由电子从丝极向阳极行进时能载电荷，但是在相反方向没有载电荷。如前所述，在真空中热金属表面容易蒸发电子，但是质子是另一种完全不同的物质！

3.7 德·福雷斯特三极检波管

仅仅两年以后，也就是 1906 年，李·德·福雷斯特就采取了下一步行动。他在真空管中插入第三个电极，即在丝极和阳极之间插入一个名为栅极的 Z 型导线栅，该栅极随后被用来控制前述两个电极间的电流。他称这一新型的三极元器件为三极检波管，但是通用名字变成了三极管。你可以从图 3.2 中看到原始专利中 3 个电极的布置方式。后来，栅极变成环绕阴极的网格或线圈，阴极通过一个灯丝加热，其中的金属极控制了真空管中电子的流动，这成为众所周知的真空管，在英国被称为热离子阀。

德·福雷斯特的三极检波管专利的原理图（见图3.2）表明，三极检波管被连接到一个等同于具有一级射频放大作用的电波接收器上。实际上，如果你用一个简单的二极管代替三极检波管（以及它相关的丝极和电路板电池），你就能得到一个没有射频放大作用的电波接收器，它将在根本没有额外的外部电源供给的情况下工作，当然，除了来自广播电台的射频能量。在早期，二极管是通过安装晶体管研发的，这样一来它就能通过一个纤细的点线（被称为猫胡须）被接通。20世纪早期，数以百万计的人们通过这种精致、简单的晶体管装置（真正的小型收音机），听到了无线电广播。

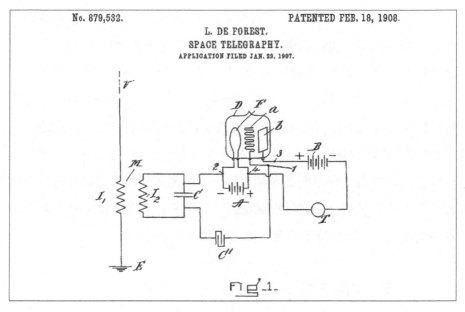

图3.2 德·福雷斯特的三极检波管专利的原理图。三极检波管亦被称为三极管或三极真空管。这里给出的实际上是一个具有三极管检波器和放大器级的电波接收器。位于被抽成真空的器皿 D 中的关键的、新的第三个电极是格栅形构件 a，现在被简称为栅。它控制着从丝极 F 到屏极（阳极）b 的电子流动。天线 V 和接地装置 E（地线）在图的左边，给射频变压器 I_1-I_2 供电，而射频变压器负责传输信号到我们现在命名为 LC 调谐电路的 I_2-C'。最后，输出（屏极）电路包含 T，一个电话接收器，在早期的收音机中它通常是耳机型的。

回到德·福雷斯特的专利，他确实解释了他的元器件如何工作：

> 我已经通过实验确定，如前所述栅形的导电构件 a 的存在，提高了振荡检测器的灵敏度。鉴于对本现象的解释超乎寻常的复杂，且最好仅作为暂定的，我并不认为此处有必要陷入对本人认为存在问题的解释的详细描述中。

也许他认为过多的解释是不明智的，或者他真的对此很迷茫。现在以超过一个世纪科学进步的事后眼光看，对三极管如何工作的解释很简单：一方面，当对栅极施加一个负电压时，离开丝极的电子被栅极附近的电场排斥，阻止它们抵达阳极；另一方面，当对栅极施加一个正电压时，电子被吸引至阳极，它们将从丝极流向阳极。此即术语阀门之意：栅极起的作用非常像水龙头手柄，控制着管线中的水流。

现在我们已经不常看到真空管了，但是对老一辈人而言它们是居家用品，是每个收音机和电视机的必需元器件。真空管和灯泡一样会频繁被烧坏，许多街角的药店都有真空管测试仪，方便它们的顾客确认失效的真空管并自行更换。如 6SN7（一种流行的双三极管，一个封装中有两个三极管）或 6SJ7（一种五极真空管，有 5 个电极）之类的真空管标号，像现在的 800 万像素显示屏或 16 吉字节硬盘一样，曾是流行词汇表的一部分。图 3.3 展示了逾 40 年跨度的几个例子，显示了我们第一部分的目标之一：它们差不多都具有一样的尺寸（在 5 倍以内）。

某个与计算机没什么直接关系的原因，使德·福雷斯特的三极检波管成为计算机研发过程中的一个突破。如前所述，当人们尽力捕获一个无线电信号时，亦即 20 世纪早期许多人曾竭力第一次做的事情，真空管可用于放大电子信号，这一点使我们的世界从此不同。

图 3.3 晶体管发明之前的实物：20 世纪 20 年代至 60 年代的 6 个真空管示例。从左到右依次为 Cunningham CX345、32（GE）、VR-105（Hytron，亦称 0C3-A）、6SN7（Sylvania）、6BQ7A/6B27/6BS8（RCA）、5636（Sylvania，印着工程样品字样，微型）。Cunningham 真空管"从头到脚"约 13 厘米。

3.8　真空管阀门

此刻我们对真空管感兴趣不是因为它能够放大信号，而是因为它能用于研发计算机，扮演着控制开关的角色——在文献意义上真正的阀门。除此之外，我们需要解释为什么阀门是研发一台计算机所需要的一切。

为达到此目的，让我们考虑一个真空管如何以二进制方式操作信息。要点是栅极存在输入信号（以负电压的形式）切断了真空管中的电流，而栅极没有负电压信号时将允许电流通过真空管。也就是说，电流的流动是由栅极电压控制的，就像流经水龙头的水流是由手柄控制的一样。也请注意，如果没有电压作用于真空管的屏极，任何情况下都不会有电流。毕竟，如果水槽不与水源相连，就不会有水流动。

我们把作用于屏极的电压视为输入的逻辑值、作用于栅极的电压视为控制。通过真空管的电流为我们提供了输出信号，利用在该电流的路径上安装负荷电阻，我们以电压的形式获得这一输出结果。我们如此安排确保以下为真：当且仅当输入是开并且控制是关时，输出是开。这就是我们概括阀门的本质特征的全部所需，如图 3.4 所示。

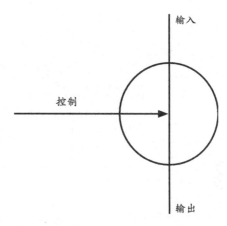

图3.4　一个抽象的、理想化的阀门符号。

在真空管阀门的情形下，我们需要考虑一些电路细节，以使我们能将从屏极电路获得的输出电压作为适当的控制信号。这意味着我们需要把负栅极电压指定为开，如前所述，这将关闭真空管电流；我们需要把零栅极电压指定为关，这将允许电流通过真空管。与此类似，我们需要确保屏极电路中的负荷电压对应于适当的输出信号。也就是说，屏极电路中的负荷电压需要与栅极的开和关信号相符，从而使本级的输出可以作为后续级的控制信号。

这些电路原理图对于那些对电子电路有一定了解的读者来说应当是清晰的，但对于那些对电子电路没有一定了解的读者来说可能就不易理解了。在本章快结束时，我们会介绍其他研发阀门的方式，诸如利用滑动凸轮、电磁铁、气流或半导体等。此处应当澄清一下，我们想要的仅是能有多种方式来研发可起到阀门功能的装置。在不同的情形下一些装置会比其他的更好，但我们可把任何种类的阀门视为一个数字计算机的基本构件。因此，从原理上讲我们能研发用空气、水或者机械部件而不是电驱动的计算机。图 3.5 展示了前述的一个使用滑动凸轮的阀门。从理论上讲，我们能用这些阀门研发一个完全机械化的计算机，但是我不想尝试。

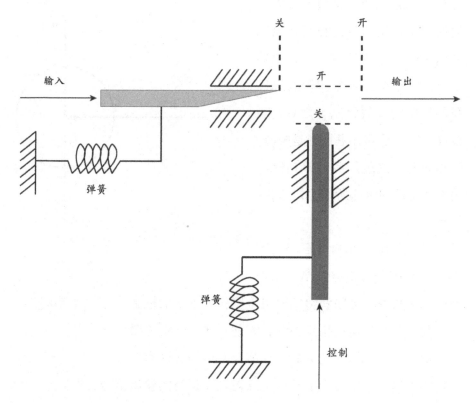

图 3.5　我的纯机械阀门尝试。当且仅当输入是开且控制是关时，输入杆抵达输出的开位置。如果输入是开且控制由关变为开时，输入杆将滑回关位置。

在讨论更多切实可行的真空管替代方案之前，我们需要补充一些缺失的部分。我们将说明，通过使用阀门，我们能执行自己需要的所有逻辑运算、研发存储器，以及提供协调逻辑门和存储器所需的时钟。

3.9　其他逻辑门

现代数字计算机使用层级结构建造，如果仅从阀门开始，我们现在将看到下一层级是什么。这不是行事的唯一方式，但是它的确是一种方式。

以一个装满阀门的盒子作为我们制作的基本构件的开始部分，下一步是把代表 3 个逻辑运算的 3 种门组合在一起：非门、与门和或门。非门有一个输入端和一个输出端，与门和或门有两个输入端和一个输出端。它们的工作方式可用以下文字表述：如果 X 是一个二值（二进制）数字值，当 X 是假时非 X 为真，反之亦然；如果 Y 是另一个数字值，当且仅当 X 和 Y 都是真时，X 与 Y 才为真；当且仅当 X 是真或者 Y 是真，或者两者均为真时，X 或 Y 才为真。

我们可仅用一个阀门创建一个非门：把阀门的控制线视为门的输入端，把阀门的输出线简单地视为门的输出端，接着把阀门的输入线永久地旋至开。

如果有点不明白的话可用这种方式思考：把阀门置于一个盒子内，这样我们就不知道里面是什么，把盒子本身看成一个有一个输入端和一个输出端的门。在盒子内部我们不知道正在发生什么，把门的输入端与阀门的控制线相连，门的输出端与阀门的输出线相连，（用电子元器件、电池）给阀门的输入线一个永久的真值。

如果你喜欢更正式的和代数的表示方法，这儿还有对此进行思考的第三种方式：用输出 =（非控制）与输入的关系来定义阀门。如果输入一直是真，那么输出 = 非控制，一个非门。

我们用一个非门和另一个阀门创建一个与门。在连接新阀门的控制线之前，让它通过一个非门（如前述那样进行创建）。由于新阀门的输出是由输出 =（非控制）与输入的关系进行定义的，并且既然我们现在运用了与控制一样的非（非控制），那么新阀门的输出就是输出 = 控制与输入，一个与门。

现在创建一个或门很容易。请注意 X 或 Y 等价于非 [（非 X）与（非 Y）]。也就是说，当且仅当"两者均为假"不为真时，X 或 Y 为真。因此我们能用 3 个非门和一个与门来创建一个或门。如前文所述，这不是行事的唯一方式，甚至也不一定是一种好方式，但它的确是一种方式，而我们也只是想演示原理而已。

　　这是计算机科学家进行思考的典型方式，一层接一层的构建过程能自下而上持续地创建指令集、时序电路（以便于一个指令接着另一个指令地执行）、存储层次（以便于数据能被存储和访问），以及你的浏览器、笔记本电脑、智能手机等。阐述这些会很有趣，但众多计算机入门书中已有详述，我们在此不再赘述。

3.10　时钟和门铃

　　如果我们允许每个门按它自己的方式在一个典型的具有数十亿个互相关联的门电路中运行，而对关乎信号结果的时序（即信号从指定的输入端经过特定集合的门后传播到指定的输出端）没有任何控制，必将出现混乱。正是这个原因，通常会为数字电路配置同步各个门的特殊信号，告诉每个门何时按它最邻近的输入产生新的输出，并依据输入它的门的信号更新输入。通过这种方式，各个门运行的逻辑步骤会跟从一个被称为时钟的"共同鼓手"前行。术语时钟频率已进入我们每日使用的计算机的通用规范，并几乎成为一个妇孺皆知的术语。我打字用的计算机的芯片的时钟频率是 3.4 吉赫兹，意味着芯片上的各个门按每秒 34 亿次的速度根据输入确定输出。

　　产生时钟信号的一种做法是模仿老式门铃工作的方式，即电磁铁：它在铁芯外部缠绕一组线圈，当电流传输至线圈时能产生磁场。该磁场可吸引铁质钟锤击打门铃。与此同时，钟锤拉开了一个触点，使得线圈中的电流被切断。随后一根弹簧会使钟锤恢复至其最初位置，又接通了电流，再一次启动前述过程。通过这种方式，钟锤持续击打门铃，产生人们熟悉的门铃声。如果你太过年轻而不熟悉这种门铃，那么应该知道蜂鸣器，它也按同样的方式工作。

　　如果你把门铃看作一个逻辑装置，当它开时（电路触点在闭合的位置），它移动到关的位置（拉开触点），反之亦然。这是逻辑悖论的物理实现：开意味着关，关意味着开。我们可以用一类门创建它，即把非门的输出端连接至其输入端上的门。如果我们这样做，所发生的就是门的输出值在开和关之间交替，振荡周期由信号从输入端到输出端再到输入端的往返过程所耗的时间决定。因此，这样的物理表现是一个永久的摇摆或振荡，实际上它可被用作"时钟"计算机逻辑的时间尺度。

3.11　存储器

最后一个缺失的部分是存储器，亦是现代计算机的一个通用部件。请再次注意，接下来我们要描述的不是行事的唯一方式，但它解释了其理念。

在本例中，用串联方式连接两个非门，并将第二个非门的输出信号返回到第一个非门的输入端。现在易于理解这个双非门有两个稳定的、连续的状态：第一个非门为开时，第二个非门为关，或者第一个非门为关时，第二个非门为开。在每种情形下，第二个非门的输出端会返回第一个非门的输入端一个值，此值与第一个非门的输出一致，该双非门对将保持状态直到它被迫进入它的相反态。我们将不讨论如何从一个状态向另一个状态转换该双非门对，但已足可以说："啊哈，有一个记忆电路。我们可用它来存储信息。"

就如我所描述的，逻辑门、时钟、存储器都由阀门创建。下面，是时候来关注一些非电子类的阀门，以及数字化胜利的下一个原因了。

3.12　研发阀门的其他途径

真空管——还记得我鼓励你把它视为一个电子阀门吧——显著改变了 20 世纪上半叶的文化。这些暖暖的、发着辉光的小管子用两种方式完成了前述改变：首先是作为一个模拟装置，其次是作为一个数字装置。在相应年代的收音机和电视机（乃至模拟计算机）装置中，模拟应用可经常碰到，而数字应用则现身于我们现在所称的早期数字计算机中。20 世纪 50 年代真空管的两种角色被晶体管承担，现如今晶体管是如此密集地集成在硅片上，以至于单个晶体管太小，不用显微镜根本看不到。

理解真空管阀门是如何具备模拟装置或数字装置的功能的，这一点很重要。在第一种情形下，真空管在一定电压范围内运行，改变一丁点儿控制电压，输出电压也会随之改变一丁点儿，但处于一个成比例的更大的电压范围。我们说在这个案例中，真空管在线性量程范围内运行，因为输出正比于输入。这是真空管在音频和视频放大器以及运用了反馈的振荡器中所扮演的角色。

在真空管的数字应用以及后来的晶体管中，阀被用作门，如前文所述，这意味着输入和输出信号是标准化的。也就是说，在任一时间，信号会被仔细地保持逼近仅有的两个允许值中的一个。这种情况在线性范围内肯定不会运行，因为输出电压在两个值之间转换，取决于但不是正比于输入和控制电压。更具体地说，当输入和控制信号之一是关或开，输出就是关或开，这取决于我们讨论哪种门。

电磁继电器

不是所有的阀门都能像真空管和晶体管那样有多种用途。例如，电磁继电器就不能在线性情况下运行。它的触点要么开要么关，因此不存在一个中间状态，其间输出正比于输入。它是严格数字的，从不是模拟的。图 3.6 中的左图展示了它工作的示意图。当作为控制信号的电流通过电磁铁时，触点被吸合，进而允许输出电路中的电流流动。当控制信号是开时，输入即输出，不论输出是什么（开或关）；但是如果控制信号是关，不论输入什么输出都将是关。从一定程度上说，继电器是比真空管更原始的装置，后者的开关由栅极控制，栅极影响着不可见电子流在近乎真空中的飞行，而第一个机电式继电器早于真空管阀门约 70 年出现。

注意，在这一继电器的特定例子中，当控制电路是关（没有通电）时，它会断开输入端和输出端间的联通状态。但在真空管中，例如，控制端（栅极）处于开时产生该结果。这是一个微不足道的问题。当控制电路通电时，我们可以简单地称为"关"，或者我们可以配置继电器使电磁铁断开一个通常为闭合状态的触点。实际上，继电器存在两种形式：常开和常闭。阀门的本质特征在于输入端和输出端之间的联通可被其他阀门的输出信号控制。

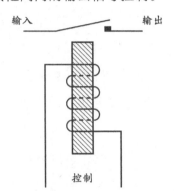

图 3.6 （左）继电器的机电式阀门示意图。当电磁铁由（控制）电流充能时，它的磁场会将触点吸合（电流接通了输入端和输出端）。（右）现代继电器的照片。Omron LY2F 型。电磁铁是白色的，触点在塑料盒的右上角。

利用继电器研发数字计算机是可行的。实际上，康拉德·楚泽的 Z3 型机器使用了机电式继电器，而不是真空管，并且它可被称作第一台通用的、程控数字计算机，于 1941 年 5 月 12 日投入运行。但是，因为两个原因，在某种程度上"计算机发明人"这一荣誉的归属是有争议的。首先，关于通用的、存储程序的计算机的观念在多个地方、历时 10 余年才逐渐演化成熟。其次，楚泽的 Z3 型机器使用了计算机自身以外的程序，但该程序和数据一样存储于计算机内部，这一点被许多计算机史学家认为甚是关键。因此，拉文顿对楚泽的 Z3 型机器作为少许几个在正确方向上的初步尝试之一而不予考虑，而鲍尔在他的《楚泽》一书的前言中提到了如下的楚泽墓志铭。

采用二进制浮点计算方法的、首台全自动的、程控的、自由编程的计算机的创造者。计算机于 1941 年投入使用。

关于计算机在第二次世界大战之后的发展的一般记述聚焦于美国和英国。在胜利者撰写的历史文献中，对拉文顿而言，楚泽的 Z3 型机器自然而然是一个恼人的"德国天才"的产品。当然，真相可能在某种程度上介于这两种情景之间。

楚泽的 Z3 型机器的算术单元使用了 600 个继电器，存储器单元使用了 1400 个继电器。构建一个足够大的存储器一直是继电器计算机的难题，Z3 型机器仅具有存储 64 个单词的存储能力。如前文所述，从某种程度上说它的程序是源自计算机外部的，在一个 8 轨穿孔磁带上存储和读取，每个指令为 8 位。楚泽引述其速度为"3 秒完成乘、除或求平方根"。与真空管相比，继电器不可靠且很慢，但这是楚泽的天赋和坚持不辍的证据，表明他能研制出可工作的继电器计算机，特别是在战时的柏林。而美国和英国在第二次世界大战后尝试时几乎全部使用了真空管。

射流阀

图 3.7 中给出了射流阀的示意图。它的运行原理很简单。流体（如空气）以层流模式从输入端口向输出端口水平流动。这就是说，流动是平直和光滑的，流线几乎是平行的。控制端口的设置使得以直角形式向层流注入控制射流成为可能，该射流扰乱层流并阻止它从输出端口排出，致使它从通风室排出。因此，该装置在如下意义上起阀门作用，即当且仅当控制信号是关且输入信号是开时才有输出信号，而此正是研发一个阀门所需的。

射流控制意味着使用流体的相互作用来处理信息。流体可以是空气、水或任何其他能流动的物质。当然，空气具有无害的优点，使得无用的气流不需要经过废物处理就能被排出。射流控制技术曾发展到高水准的精密形式并于 20 世纪 70 年代早期达到高潮，但从未成为可以取代电子阀门的竞争者，因为射流阀开关太慢了。它曾经有（现在仍然有）小众的应用领域，因为它不用运动部件（不计流体流动自身）也能研制逻辑电路，而且射流控制电路能在不利的环境下工作。例如，它们对于高温、强辐射具有免疫力。和继电器一样，射流阀也没有线性工作流程。

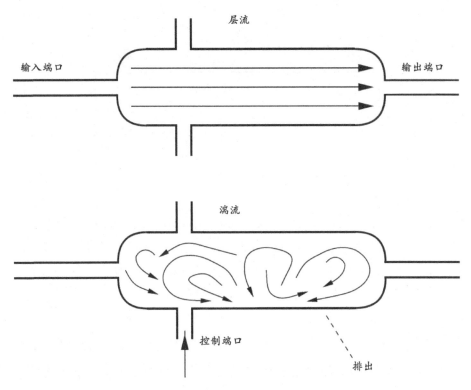

图 3.7　使用射流的阀门。没有液/气流作用于控制端口时，从供给端口（输入）到出口（输出）的水平流动是层流。当流体作用于控制端口（控制）时，水平流动变为湍流并被排出，输入流体不能抵达输出端口。

晶体管

晶体管以矿石收音机的"猫胡须"变种的形式来到这个世界，被称为点接触型晶体管，但是它很快就被各种形式的结型晶体管取代。现在我们暂不涉及细节，但要知道其装置是一个电子阀，执行和真空管一样的操作。图 3.8 给出了场效应管（Field Effect Transistor，FET）的理想化示意图，意思是指仅给出了它的阀门状结构。在该情形下，电压作用于栅极（控制），在沟道中产生一个电场，控制着源极（输入）和漏极（输出）之间的电流。我们会在第 4 章中稍微详细地讨论场效应管怎样工作。

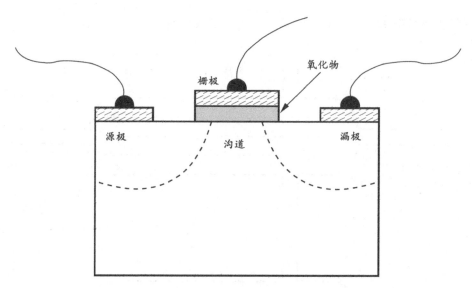

图 3.8　场效应管理想化示意图。作用于栅极（控制）的电压影响沟道中的电场，或者阻碍或者允许电流从源极（输入）向漏极（输出）流动。晶体管半导体中的载流子要么是电子，要么是空穴。

晶体管和真空管的总体概念是相同的，但是前者与后者相比具有重要的优势。制造真空管，你需要真空和管子，还需要加热丝极至红热状态以使其蒸发电子。所有这些零件必须组装起来，并从管子中排出空气。而当真空管工作时，它占据相当大的空间，耗用相当数量的能量，并产生相应数量的热量。典型的真空管有数英尺（1 英尺 =30.48 厘米）高，利用瓦级的功率加热丝极，这听上去也许没有那么糟，但是需要使用 10 亿真空管的老式计算机将耗费 10 亿瓦功率的能量。还不包括冷却风扇，仅真空管就占据一间大房子的空间。并且顺便说一句，那些热到发红的丝极像灯泡那样亮，所以让 10 亿真空管同时点亮是根本不太现实的。

在晶体管中，电子（或者没有电子，即空穴）在半导体而不是真空中移动。这意味着松散的电子在物质中"漫游"，按我们的要求将不需要特制的发红光的丝极，不需要抽真空，不需要封装它的管子。因此，晶体管只需以很小的功率来运行，它们处于比真空管"凉快"得多的状态，可以做得相当小，许多晶体管可以集成到一个非常小的空间内——因为只需散掉很少的热量。在研发电子元器件时，充分的冷却通常是非常重要的考虑，我们必须当心我们的机器不能因受热太多而"熔化"。鉴于这些原因，第二次世界大战后的晶体管电子元器件发生了彻底变革。收音机、电视机、计算机和各种其他的电子元器件变得更小、更容易降温、更便宜。晶体管便携式收音机现在几乎已被我们遗忘了。

　　现在出现了一个非常自然的问题：什么限制了我们能在给定的空间里最终集成的晶体管的数量？回答这个问题，我们需要一点儿更基础的物理知识，接下来我们将了解相关物理知识。

第4章 随之而生的物理学

4.1 当物理学变得离散时

时间的车轮由19世纪前进到20世纪，基础物理学发生了根本性转变，不是一个慢慢发展的开花过程，而是一场地震。电子被发现了，光子被认为是光的粒子，原子的内部结构也被揭开，微观世界的物理学变得离散化了。几十年后，信息处理同样经历了从连续到离散的转变。

颠覆性的变革也在酝酿中。同样，在那几十年的时间段内，爱因斯坦提出了狭义相对论和广义相对论，彻底改变了人们对空间和时间的认知；哥德尔提出了不完全性定理，提出了在某些系统内所允许的方法既不能证明真也不能证明假的命题；斯特拉文斯基的《春之祭》彻底切断了与传统古典音乐的联系，永远改变了音乐，并于1913年在巴黎引起了一场社会各界的大骚动。

量子力学的发展与数字计算机革命之间的联系则是非常直接的，并且没有必要引用像"时代精神"这样的概念来解释，正如20世纪物理学的发展使我童年时代的真空管过时那样。量子力学解释了晶体管的工作方式，揭示了绝对的、不可避免的物理噪声和粒子的来源，并由此揭示了模拟元器件的终极局限性。可以说，没有量子理论，我们就无法设计和生产现在人们在日常生活中极度依赖的微小、高密度的半导体芯片。

本书讨论物理学的另一个原因是，物理学的发展使得更令人惊奇的新型计算机——量子计算机——逐渐成为可能，但这已经超越了人们的现有认知，我们将在后续章节详细介绍。

让我们来看看1900年量子力学的故事。当时马克斯·普朗克提出了黑体辐射定律，指出物质辐射的只能是量子化能量单位的整数倍能量，轰动了当时的物理学界。为了解释这一概念，现考虑有一个小腔体的大型烤箱。

任何进入腔体的辐射都不会出来——它是一个完全吸收（黑色）的窗口。任何物体都具有不断辐射电磁波的性质，不同数量的能量会以不同的频率离开物体，能量与频率的分布称为可被观测到辐射的光谱（如本书 2.5 节所述）。物理学家计算出了这种分布，在低频率下，预测值和实验观察到的光谱之间有很好的一致性。但是在高频率下，从经典物理学的能量均分定理推导出的瑞利–金斯定律又与实验数据不相符，在辐射频率趋向无穷大时，能量也会变得无穷大，这和实验结果严重不符，被称为紫外灾难。紫外是指在非常高频率下总辐射的结果。

普朗克假定在烤箱中发生的能量转移只涉及基本能量的整数倍，能量值允许离散。在这种假设下，预测的辐射光谱与实验结果高度一致。普朗克黑体辐射定律是第一个不包括能源量化以及统计力学的理论，但他本人不喜欢这个理论。普朗克在事后的一封著名的信中写了以下内容。

> 简而言之，我所做的只是一种绝望的行为。从本质上讲，我倾向于和平，拒绝所有可疑的冒险。但到那时，我已经花了 6 年时间（自 1894 年以来）努力解决辐射与物质之间的平衡问题，我知道这个问题对物理学至关重要，我也知道在正态光谱中表示能量分布的公式。因此，不惜一切代价找到理论解释是必要的。

普朗克于 1900 年 12 月 14 日公布了他的结果，这个日期通常被认定为量子力学的诞生日。至此，与经典物理学的观点恰好相反，量子力学认为能量只能是离散的数值。

5 年后，爱因斯坦又迈出了大胆的一步。这次的问题是光电效应。科学的真正进步往往是在令人费解的问题的牵引和激励下取得的。当光束撞击一块金属时，金属原子中的电子会被撞出。在真空中，物理学家可以将这些电子收集起来，这也是检测光的一种方法。利用老式真空光电管（而不是固态设备），我们可以较为容易地制作自动开门器。当普朗克提出能量以离散包的形式存在时，19 世纪经典的光电效应理论就出现了严重问题。

　　一个问题是，如果光束照射到金属上，你可以计算金属表面每单位面积吸收足够的能量从而撞击出电子所需的时间。如果光线暗、强度小，可能需要几秒的时间。在获得最小能量之前，金属中不可能形成任何的电流。但观察结果是，在此时间之前，一些电子居然会被撞出。光是连续波的特性难以解释这一现象。但爱因斯坦指出，如果光本身以离散态到达，也就是我们所称的光子，那么这种现象就容易解释了。在计算得到的初始时间之前，金属只需要单个光子就可以撞击出电子。

　　用经典的光电效应理论我们还观察到了另一个严重的问题，即存在一定的最小频率，如果小于该频率，则没有电子被撞出。光子的频率大于某极限频率，则该光子拥有足够能量来使得一个电子"逃逸"，造成光电效应。在该阈值之上，被撞击出的电子的最大能量不依赖于光束的强度，而仅取决于光的频率。增加照明强度，会产生更多电子，但它们的最大能量是相同的。爱因斯坦认为的光是一群离散量子的理论再次解释了这一点。如果光由光子组成，则这些光子的能量取决于它们的频率；如果光子的能量不够，就不会有电子被撞出。超过该频率阈值，光子会将其能量传递给电子。增加光的强度只会增加光子的数量，增加产生的电子数量，但不会增加每个电子的能量。

　　爱因斯坦这样说道："从点光源发散出来的光线，能量并不是在一个递增的空间上连续分布，而是由有限数量的能量的量子组成。这些能量的量子集中在空间中的某些点上，它们能够运动，但不能再分割，而只能整个地被吸收或产生出来。"

　　现在光已经变得离散了。

　　最后一步花了物理学界将近 20 年的时间。光起初被认为是一种波，但可以表现出粒子性。那么像电子这样的粒子，为什么不能表现出波动性呢？路易·维克多·德布罗意在 1924 年通过散射镍靶上的电子产生衍射图案提出了物质波的概念，即认为一切宏观粒子都具有与本身能量相对应的波动频率或波长，并用实验证实了这个想法。从那以后，包括原子、分子等其他粒子的波粒二象性也陆续被实验证明。因此，能量和光被分离，物质被"波化"，世界上的一切变成了既是粒子又是波。这提出了一个非常好的难题，我们现在可以用量子力学来讨论这个问题。当我们将注意力转向 21 世纪的信息世界时，这些想法也将对我们很有帮助。

4.2　物体的绝对大小

从物质和能量的离散化可以看出，大和小不仅仅是相对的术语，还具有绝对的意义。它们定义了尺度。例如，我们可以讨论宇宙中的两个极端尺度，以及两者之间的尺度，即我们生活中所见的尺度。这 3 种尺度称为亚原子尺度、日常尺度以及天文尺度。日常尺度使用米来度量距离。对于极小的微观世界，例如考虑电子、质子时，我们面对的是比日常尺度小了 15 个数量级的粒子，我们引入科学记数法，用数量级来表示一系列 10 的幂。在天文尺度上，常用光年来衡量天体间的时空距离，光年指光在宇宙真空中沿直线传播了一年时间所经过的距离，这一长度达到了约 10^{16} 米的量级。

从对数的角度来看，人类正好处于这种度量尺度范围的中间，这也解释了 19 世纪末达到成熟的经典物理学为什么在日常生活中的表现如此之好。但当经典物理学在亚原子尺度和天文尺度上应用时，会出现无法解释的严重问题——在亚原子尺度上有光子和电子，在天文尺度上具有绝对光速和以太假想。

那么，我们是否能找到一个绝对尺寸的好标准，来度量宇宙的尺度呢？物理学家称这些决定事物大小的数字为基本物理常量。它们在宇宙结构中不可改变，而且据我们所知，它们在任何地方都是相同的和普适的。例如，用 c 来表示的光速，可能是大家最耳熟能详的例子。

亚原子尺度上基本常数的确定，主要归功于普朗克、海森堡及其同事在 20 世纪 20 年代后期开展的量子力学基础研究。回想普朗克研究物体热辐射规律时的观察，假定发射和吸收不是连续的，而是离散的一份一份地进行，计算的结果才能和试验结果相符。他提出这样的一份能量叫作能量的量子，每一份能量的量子是辐射频率的常数倍，这个常数 h 现在称为普朗克常数。普朗克常数 h 和光速 c 一样，是物理学中具有重要意义的、神奇的自然常数，在决定基本规律时起着关键作用。

4.3　海森堡不确定性原理

要精确确定一个粒子，首先需要知道它的明确位置。我们希望能够知道一个粒子正好处于某个特定位置以及它的速度。例如，我们希望粒子处于某个位置，并以某一速度向右行进。只有这样我们才能令人信服地声称我们正在观测该粒子。这里使用术语粒子作为一种统称。量子力学指出，在粒子层面，这实际上是不可能的，粒子的位置与动量不可同时被确定，这也是不确定性原理的核心内容。类比我们在日常生活中对棒球等球类运动的直观感受，这一理论会让人感到震惊。但请记住，在尺寸上电子比棒球小 14 个数量级，当事物变得特别小的时候，认知的规则就会改变。事实上，大小这一概念在粒子那样的微观尺度上变得模糊，这是量子力学的主要内容之一。

当谈论粒子的位置时，就要测量一个粒子的精确位置。没有任何测量是完美的，测量行为将会不可避免地扰动粒子，从而改变它的状态，使得结果都存在不确定性。对速度的测量也是如此。海森堡不确定性原理指出，粒子的位置与动量不可同时被确定，位置的不确定性程度与动量的不确定性程度的乘积遵守永远不会小于一个非常小的数字除粒子质量的两倍的规则。这个非常小的数为通用常数，是普朗克常数 h 除 2π，称为约化普朗克常数，该常数非常小，大约为 10^{-34} 焦耳·秒，是角动量的最小衡量单位。

假设测量棒球从投手到接球手的途中穿过本垒板时的位置，我们用高速相机拍摄照片并将其位置缩小到几分之一毫米就行了。海森堡不确定性原理指出，如果我们想要在同一时刻知道棒球的速度，那么测得速度值的精度，就像用很小的数除该棒球质量所得的结果那样。但是这个结果依然非常小，比我们用最好的相机能测量到的值仍小得多。在日常生活中，海森堡不确定性原理并没有真正地束缚我们的双手，我们仍能够以常规方式处理周围的物体。在人类的发展历程中，宏观世界范围内，人们仍然可以按照常规方式来认识位置和速度。

当然，测量一个质量约为 1 克的回形针的位置，如果精确到十亿分之一米的尺度上，同时在十亿分之一米的范围内测量其运动速度，则需要考虑海森堡不确定性原理。

但在电子世界中，场景发生了巨大变化。电子的质量约为回形针质量的 10^{-27}，由于它很小，我们可以想象在原子直径内测量其位置，大约为 10^{-10} 米。海森堡不确定性原理将电子的速度测量精度限制为每秒约 50 万米，转换成日常尺度上我们更为熟悉的类比是驾车速度为每小时 160 万千米！换句话说，如果我们说一个特定的电子在某个原子中，事实上我们对电子的运动速度是一无所知的。

值得强调的是，海森堡不确定性原理是量子力学的核心，这种不确定性无法通过购买更好的设备或进行更加细致的实验来克服，它是对我们认知粒子微观世界事物的基本限制。鉴于量子力学已经在 20 世纪的多个领域的无数次实验中被证实具有很高的精度，海森堡不确定性原理给出的这个限制是现实世界的一个不可回避的基本性质。

4.4　解释波粒二象性

在第 5 章中，我们将进入微观世界，探索最小尺度的计算机。但在沿着这条路继续前进之前，我们将在非常小的尺度内讨论物理学的两个极其重要的方面。首先，简要考虑一下波粒二象性的明显悖论。例如，为什么像电子这样的粒子，在一种情况下表现出粒子性，而在另一种情况下又表现出波动性？对这个问题的全面讨论需要我们了解有关量子力学测量的更多细节，这将带我们在量子力学中走得更远。但海森堡不确定性原理可以让我们产生一些非常好的想法。

再次重复一遍（这是值得重复的），依据海森堡不确定性原理，电子位置的不确定性程度与动量的不确定性程度的乘积永远不会小于某个确定的常数。也就是说，我们如果将电子位置的不确定性程度缩小到非常小，则对电子位置的不确定性程度越小，对其速度的了解也就越少。如果我们通过某些测量方式继续缩小电子位置的不确定性程度，即当我们可以极其准确地测量该电子的位置时，将其视为粒子是合理的。在量子力学的世界中，粒子具有明确的位置，而波则没有。与之相反的另一个极端是，如果我们试图以更高精度测量电子的速度，根据海森堡不确定性原理，对其位置的了解则会更少。此时将电子视为一种波，而不是粒子，则是合理的。海森堡不确定性原理为观测到的电子奇怪行为提供了合理的解释：电子有时会碰到金属板，像微观棒球一样；有时它们互相干涉，像池塘表面的波纹一样。

4.5　泡利不相容原理

除了波粒二象性之外，我们还需要量子力学中的另一个原理来理解今天的计算机芯片，即泡利不相容原理。在继续之前提醒一下：泡利不相容原理是用"粒子"来表达的。但我们现在知道实际上粒子在某种程度上也是波，波也是粒子。因此，例如，当我们在下文谈到"电子云"时，我们在原子轨道非常狭窄的区域中描绘电子，它们表现得像粒子和波。

我们在第 5 章中将看到，海森堡不确定性原理如何在微型电路被压缩到半导体计算机芯片上时起到了限制作用。泡利不相容原理首先解释了半导体的工作原理。事实上，毫不夸张地说，泡利不相容原理解释了我们的整个世界。没有它，我们不仅无法解释半导体是如何工作的，甚至无法解释为什么我们会有元素，以及地球上大多数其他东西是如何组合在一起的。该原理解释了为什么元素可以在元素周期表中以整齐的行和列排列，为什么氖元素是惰性的，为什么氧气如此渴望与其他元素结合，蛋白质是如何构建的等。为了了解泡利不相容原理，我们需要了解更多关于基本粒子的背景知识。

在本书中，我们只需要考虑两种不同的粒子：电子和光子。如你所知，还有许多其他基本粒子。经常提到的另外两种粒子是质子和中子，它们通常关注自己的事情，安全地落在原子核中，需要高能量才能将它们从原子核中释放出来。我们脑海中会浮现出"注意：放射性！"的字幕，人们要远离这些辐射。但是原子中的电子松散地堆积在带正电的原子核周围的云中，并且每个运行中的导体内的电子携带的能量要少得多。这些电子云在原子核周围的行为决定了化学反应是如何工作的。有些电子与其母核的结合程度要松得多，这些电子很容易漂移，从而导致金属中我们称为"电"的传导（这只不过是电子流）。光子更加自由——事实上，它们根本不能保持静止，而是以极快的速度飞来飞去。

光子用于解释可见光，它们也可以解释许多其他类型的辐射，这两种情况的不同之处仅在于光子的波长和能量。正如我们之前所提到的，光子的能量和频率关系非常简单。光子的能量与其频率成正比，比例常数是普朗克常数。紫外线的能量高于可见光的能量，红外线的能量低于可见光的能量。X射线和 γ 射线具有较高的能量，无线电波的能量较低。但是所有这些粒子（或波）从结构角度来说都可用相同的文字来描述，即它们都是光子，都是波粒子。这里我们不必担心光子的特殊性质，虽然它们非常奇特。例如，在真空中无论观察者行进速度如何，光子总是以相同的速度行进。这本身就很奇特。

电子也具有能量。光子的能量完全取决于它的频率，但电子的能量是更常规的类型，由使它到达某一个位置的所用能量来确定。例如，原子内壳中最靠近原子核的电子具有低能量。它们可以通过外力跃迁到远离原子核的外部壳层，当它们位于原子的最外层时，再次被激发后成为自由电子。但所有这些激发都需要一定的能量。

回想上述的讨论中，能量来自离散数据包（被量化）。能量也是守恒的，也就是说，系统中的总能量必须保持不变：既不会凭空出现，也不会凭空消失。例如，可能发生光子撞击电子以将其激发到更高的能量状态的情况。在这种情况下，光子要么被吸收，要么以较低的能量发射回去。相反，还可能发生处于较高能量状态的电子回落到较低能量状态，然后额外的能量以光子形式飞出的情况，这时光子的频率由发生跃迁的两个能量级间的能量差所决定。

现在，电子和光子被认为是两种类型完全不同的基本粒子，分属费米子和玻色子，并且所有基本粒子都属于费米子或者玻色子中的一种。例如，电子、质子和中子都是费米子，光子是玻色子，希格斯粒子是玻色子。要指出的是，费米子不能有完全相同的量子态，而玻色子没有这些限制。费米子必须遵守泡利不相容原理，这一原理对于理解半导体至关重要，而半导体是制造计算机核心的奇妙材料。

简单地说，泡利不相容原理指出费米子是反常识的，两个相同的费米子不能处于相同的量子态。给定量子力学状态的电子绝不会容忍同一系统中的另一个电子处于完全相同的状态。（相比之下，玻色子是合群的，并不一定遵守泡利不相容原理。）为了理解这意味着什么，我们应该准确地解释"量子力学状态"一词的含义，但这需要更多的空间和数学理论，在此我不再赘述。此时，知道元素中与原子核结合的电子的状态由 4 个量子数决定就够了，其中一个为自旋，只有两个可能的值，即 $1/2$ 和 $-1/2$。泡利不相容原理指出原子中不能有两个或两个以上的电子具有完全相同的 4 个量子数。

4.6　原子物理学

从这个简单的规则，我们至少可以看到周期表中的前几个元素是如何组合在一起的。氢是最简单的也是最容易想象的，带有 $+e$ 电荷的质子，其周围轨道上携带一个电荷为 $-e$ 的电子。术语轨道的使用是常规的。我们知道电子实际上具有部分波和部分粒子特性，它绕着质子运行，就像月球围绕地球旋转那样。

接着是氦，其原子核中有两个质子，带有 +2e 的正电荷。为了平衡该电荷，两个电子被吸引着围绕原子核转动，而且它们具有不同的自旋，在不违反泡利不相容原理的情况下在相同的轨道上旋转。较重原子核周围的电子排列在壳层中，通常从内向外填充电子。第一个壳层由两个电子组成，从这个意义上讲，第一个壳中的两个电子非常稳定地与原子结合，不易跃迁。这样，氦元素结构稳定，对其他元素的自由电子不感兴趣，在正常条件下不容易形成化合物。

任何原子的最外层都被称为价电子层（有些原子次外层也是价电子层），该层中的电子称为价电子。例如，第二价电子层可以容纳多达 8 个电子，全部充满第一和第二价电子层的元素是氖，总共有 10 个质子和 10 个电子。氦和氖等元素具有全充满的电子层，也都是气体，均不易发生化学反应，因而被称为稀有气体、惰性气体或者高贵气体。

氖之后是锂，其原子核中有 3 个质子和 3 个电子：两个位于其最内层，余下的另一个电子位于第二层，即价电子层。具有两个电子的内层可以被认为是永久闭合的，但是价电子层中的电子与原子的其余部分松散地结合着，该电子容易加入另一个原子，留下原子核的带电离子，甚至可以导电。由于松散结合电子的存在，锂是金属的良导体。

价电子的可用性在确定材料的导电性质过程中起着至关重要的作用。

4.7　半导体

半导体（通常）是由一些基本材料的原子组成的晶体材料，硅是现在常用的半导体材料，该元素包括可共享的电子。硅原子的外层有 4 个电子，这些价电子对于导体至关重要。虽然其内层完全充满了能够容纳的所有电子，但它们不会受到价电子层中电子的干扰。如果这样的晶体结构是完美的（没有"松散的"电子在晶体周围自由漂移），而且在温度是绝对零度时（该温度下电子热振动停止），该晶体无法实现任何的电传导，此时它是一个完美的绝缘体，即一个刚性晶体的所有电子都牢牢地固定在原位并结合着相邻的原子。

但是，如果晶体结构是不完美的（总是如此），并且温度高于绝对零度（也总是如此），那么至少有一些电子可以在晶格周围自由移动，允许电流的流动。在合理的温度下，一些电子可以跳出它们通常的位置并在晶体中漂移。不仅如此，当电子离开它们的通常位置时，就会留下空穴，这些空穴实际上也可以像真实粒子一样穿过晶体。电子可以跳入一个空穴，这样在自己原本的位置就又留下一个空穴，实际上这个空穴是一个虚粒子，带有正电荷而不是负电荷。

为了使用半导体（或者相同的东西，例如晶体管）制造阀门，我们不能仅依赖由于热振动或晶体存在的"天然缺陷"而释放的电子。人们在半导体晶格中故意增加了一种被称为掺杂剂的材料。通常，晶格中几百万个硅（假设）原子中的一个原子被另一种称为掺杂剂材料的原子所取代。这种掺杂会对晶体导电方式产生巨大的影响。

假设我们用砷原子取代晶体中百万分之一的硅原子，砷原子恰好在其价电子层中有 5 个（而不是硅原子的 4 个）电子。砷原子可以位于硅原子的位置，但是会留下一个电子。可以认为这种电子能自由移动，就像它已经从真空管的灯丝中释放出来一样。但注意，尽管晶格中现在存在自由电子，但晶体的净电荷仍为 0。晶格中的每一个自由电子都对应着一个砷原子，掺杂元素带来了除满足共价键配位以外的一个多余电子，砷原子核为正电荷，即 $+e$。该类杂质原子称为电离施主，可以认为被固定在晶格中。以这种方式掺杂的硅晶体称为 N 型硅。

以同样的方式，如果我们用铝原子代替硅原子，铝原子在其价电子层中恰好只有 3 个电子，与周围的 4 价硅原子组成共价结合时缺少一个电子，会在晶格中形成一个空穴。这些空穴会表现为像在晶格周围能够自由移动的带正电荷的粒子一样。由于额外的电子跳入其价电子层而具有负电荷掺杂剂的原子被称为电离受主。以这种方式掺杂的硅晶体称为 P 型硅。

重要的是要认识到在掺杂半导体中可以存在两种电导体。例如，在 N 型硅中存在大量的自由电子，它们的流动可以形成电流，电流运动的方式与其在真实金属中运动的方式相同，此时我们说电子是电荷载流子。在 P 型硅中，空穴可以流动，相当于带正电荷的粒子，此时电荷载流子是空穴。如果我们将电池连接在一块 N 型硅上，就会在硅内部产生电场，电子在该电场的作用下产生流动。以相同的方式，将电池连接在一块 P 型硅上会导致硅中的空穴流动。通常电子和空穴都是潜在的电荷载流子。还要记住，（带电荷的）电离施主和电离受主的原子被锁定在半导体晶格中。

4.8 PN 结

如果我们小心地将 N 型硅和 P 型硅面对面连接，形成所谓的 PN 结，会发生一些非常有趣的事情。图 4.1 显示了在没有施加外部电压的情况下，PN 结的草图。在 N 区有许多自由电子，往往随机扩散到 P 区，在那里可以跳入空穴。类似地，空穴倾向于从 P 区扩散到 N 区。电荷载流子的这种重新分布在 PN 结的 P 区产生带负电荷的离子壁的现象，主要是由于不平衡的受主离子导致的；而在 N 区产生带正电荷的离子壁，主要是由于施主离子不平衡导致的。P 区带负电荷的离子壁会逐渐形成，电子的排斥作用阻止它们进一步扩散到 P 型硅中；N 区带正电荷的离子壁也会阻止空穴的进一步扩散，最终达到平衡。PN 结周围缺少电荷载流子的区域称为耗尽区。

现在考虑如果我们在 PN 结上连接电池会发生什么，其正极连接到 P 型硅，其负极连接到 N 型硅。正极端将空穴推向 N 型硅，负极端将空穴推向电子，这是为了缩小耗尽区的宽度。

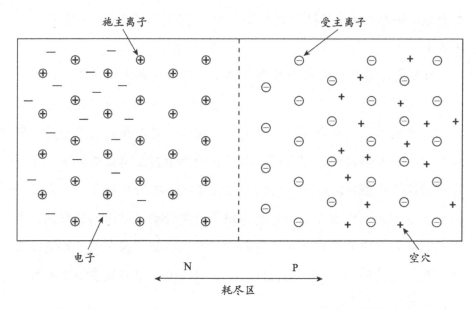

图 4.1 没有施加电压时平衡状态的 PN 结。在左边，N 型硅在晶格中带正电荷的施主离子用"⊕"表示，电子用"—"表示。在右边，P 型硅带负电荷的受主离子用"⊝"表示，空穴用"+"表示。电子向右扩散，空穴向左扩散，穿过连接处（虚线表示），直到右侧带负电荷的离子壁和左侧带正电荷的离子壁阻止进一步扩散。这在 PN 结的周围留下了耗尽区，在此区内，电荷载流子（电子和空穴）不足。

　　若电池电压超过某个一般很小的阈值，则会产生电流流动。实际上，电子在 N 型硅中从左向右流动并跳入 PN 结中的空穴，这些空穴在 P 型硅中从右向左移动。在图 4.1 中，假设连接电池，电子将在左侧注入并在右侧被吸出（实际上是注入空穴）。

　　但是，如果我们以相反的方式连接电池，那么传导效果就不好了。电池正极和负极将电荷载流子拉离 PN 结，并且耗尽区变宽。没有电流流动。因此，PN 结形成了所谓的二极管，允许电流仅在一个方向上流动。

　　PN 结封装了半导体的神奇之处。为了制造真空二极管，我们需要置备一个真空装置，在里面电子可以自由移动（仅在一个方向上），并有热电子源。现在我们有一种制造二极管的方法，可以在没有热灯丝的固体材料中制造。这就是重点：我们用固态电子设备取代了真空管。

4.9 晶体管

不难看出人们是如何利用半导体中电子和空穴的运动来构建晶体管的。这个想法场效应晶体管最能清楚说明，这在第 3 章中讨论过并在图 3.8 中展示过。图 3.8 中的源极和漏极都是相同类型的掺杂硅，比如 N 型，并且它们被相反掺杂的沟道隔开。现在不用担心连接到晶体管的第三根导线，因为有两个耗尽区，一个是沟道与源极相遇的区域，另一个是沟道与漏极相遇的区域，电流不会在源极和漏极之间流动。晶体管作为阀门是关闭的。

具体而言，考虑 NPN 型晶体管。源极和漏极中的移动电子不能流过沟道，因为它们在耗尽区面对带负电荷的离子。栅极是可以关闭阀门的手柄。它是一小块导电材料（比如金属），位于沟道上方，但与其绝缘。如果现在我们向栅极施加正电压，它会在沟道中产生一个电场，吸引电子到沟道，即使没有电压施加于它，因此它被称为场效应晶体管。在该类晶体管中，沟道中会突然就有电荷载流子，电流可以流动，晶体管也会导通。

泡利不相容原理解释了电子在半导体晶体中的位置以及它们可以移动的地方，使我们得到了一个固态阀。正如我们所见，构建想要的任何类型的计算机，只需要这样一个阀门。

如果你打算以一定深度研究电子学，有很多关于固体中电子行为的好书。它们都应用了量子力学，内容越深，应用的量子力学知识也就越多。晶体中的原子很小，电子甚至更小，如果没有研究微观世界的科学，一些重要的机制我们会无法理解。这些书很容易找到，你的选择取决于你的数学和物理水平。

顺便提一下，你可能会惊讶地发现，实际上使用普通工具和材料在家庭作坊中也能够制造出真空管和晶体管。高级研究者（或理论学家）可以参见弗雷德里希的《放大仪器》，从中找到如何实现这一点的详细信息，以及相关专家建议和知识背景。

4.10 量子隧穿

量子隧穿是一种量子现象，在我们即将进入的微观电子领域，它发挥着重要作用。像电子一样的粒子是带电的，当它们在电场中移动时，它们的行为非常像在山丘和山谷的表面上滚动的粒子。场效应晶体管提供了这样的示例。当栅极未充电时，源极中的电子不能到达漏极，因为沟道阻碍了它们的进程。这种情况类似于遇到砖墙的滚球。然而，它们之间有一个重要的区别。电子非常小，控制其运动的规律是量子力学的，而不是经典力学的。这具有违反常识的结论：如果屏障不是太厚，电子可以在某些情况下以一定的概率穿透屏障。

当电子或任何其他粒子穿透看似坚固的障碍时，我们说它们是隧穿。这是在我们日常生活中不会发生的，但在微观尺度上量子力学世界中可能发生的另一件事情。这意味着场效应晶体管中的沟道宽度，或其他类型晶体管中的栅极，可以变得非常小但不是无限小。当电子从源极到漏极隧穿时，晶体管的尺寸会缩小，阀门不能再正常工作。在第 5 章中，我们将研究电子器件的小型化及其局限性，电子隧穿效应就是其中一种限制。

4.11 速度

到目前为止，我们已经非常关注事物的大小，而不是它们运动的速度。然而，在晶体管领域，两者密切相关。原因在于电荷存储在半导体晶体管中，并且在耗尽区中产生电荷需要时间，例如晶体管为了正确地从开切换到关或从关切换到开时。无论何时存储电荷，存储电荷的位置都可称为电容器，存储的电荷与施加到电容器的电压之比称为电容。因此，对于固定电压，存储在电容器中的电荷与其电容成正比。

传统的电子电路中有 3 个电子元器件（不包括所谓的有源元器件，如晶体管或真空管）：电阻器（阻止电子流动）、电容器（存储电荷）和电感器（存储磁能）。如果你拆开一台我前文描述的"统治"20 世纪 30 年代的收音机，你会发现这 3 个"被动"电子元器件，每个通常都由两根焊接的电线连接。这 3 个电子元器件对于我们对电子电路的理解至今仍起着核心作用，但它们通常是我们理解像晶体管这样的微观元器件如何工作的抽象描述。例如，晶体管可以认为是电阻器和电容器的组合。耗尽区就是这种微观概念电容器的一个例子。

在物理课的一开始，电容器被简化为一对扁平金属板，彼此平行又间隔一定距离。其中一个板累积了大量的电子，而另一个板则电子不足，形成电势差，这种平行板电容器的容量与板的面积成比例。通过粗略的类比可知，晶体管的耗尽区之类的容量会随着晶体管的尺寸变化而变化。

因此不难看出，在所有其他因素（如电阻和电压）相同的情况下，电容器充电所需的时间大致与其面积成正比。我们制造的晶体管越小，其切换的速度就越快，在计算机中的计时速度也就越快。这就是我们接下来要描述的，为什么晶体管在体积急剧缩小的同时，还伴随着运算能力的急剧增加。

第5章　你的计算机是张照片

5.1　在底部的空间

1959 年 12 月 29 日，理查德·费曼这位几代物理学家和计算机科学家心中的英雄在美国物理学会发表的著名演讲，引发了人们对微型事物潜能的广泛关注。在那次演讲中，他预测了几十年后即现今蓬勃发展的纳米领域。他使用一种直奔主题的方式，与此同时又使一切看上去显而易见。它很简单，任何人都能看到这一点。在讲到大英百科全书能装进针尖之后的某一时刻，他说："我不知道为什么还没有做到这一点！"

不用急于给曾讨论了纳米世界中更广泛应用的费曼泼冷水，一代人之前应用那些特殊的显微照片生产线早已干成了此事。1925 年，戈德伯格使用非常高的密度生产图像，以至于 50 本完整的《圣经》能装到一平方英寸（1 平方英寸 ≈ 6.45 平方厘米）的介质中。那时，在高度压缩的图像生产商之间实际上存在一定的竞争，并且"每平方英寸圣经"成了文本密度的常用指标。顺便提一句，当前的纪录由以色列理工学院的一个团队保持着，他们报告说使用离子光束在一薄层金箔上每平方英寸蚀刻了大约 2500 本《圣经》。

因为某种原因，将字写得很小看来是人类天生痴迷的行为。当 1839 年，达盖尔在碘化银盘上用水银蒸气显影制作了首张照片，即达盖尔摄影法诞生之际，丹瑟亦在同一年以 160∶1 的缩小比例完成了首张缩微照片。缩微照片的显著优点是节省了空间，相关技术在 1870 年即投入应用，当时巴黎处于被围困时期，达格龙用缩微照相术通过信鸽提供情报。

除了节省空间和质量小的显著优点之外，缩微照片在某些活动中还有些重要的应用。"微点"是印刷体的一个点大小的缩微照片，就像结束一句话的句号一样。例如，"微点"可被撒落于一封信的各处，代替普通印刷的句号，进而就可在无意识或眼睛未察觉的情形下传递信息。随后它们可由收件人用一个显微镜读出来。谍战小说的狂热爱好者深知此仅为每个"优秀间谍"全部才能的一小部分。

我应当指出一个重要的不同：在制作书中一页的图像和仅记录阅读内容所需的最小限度的数字信息之间存在相当大的不同。前一类呈现了字母的图像，并保留了诸如字体、照片以及糖果棒的污痕等。此为扫描仪做的事。后一类的图像通常每个字符仅用 1 字节，因此有 64 个可能的字符。我们称前者为图像文本，或者图像形式的文本；称后者为数字文本，或数字形式的文本。

希伯来文版的《圣经》约有 120 万个字母，我们说它是 1.2 兆字节。128 吉字节的闪存驱动器，一个在本文写成之际常见的产品，可以数字形式存储约 100000 本希伯来文版的《圣经》，它的存储芯片为平方英寸面积的量级。那么我们可以说这样一个闪存驱动器每平方英寸存储了约 100000 本希伯来文版的《圣经》。但是要记住，这种《圣经》与以色列理工学院在砂糖颗粒大小的小点上写的页面图像不一样。我们对接下来的成像更感兴趣，因为我们想回到阀门和制造小型计算机问题。

费曼洞悉图像和数字文本之间的区别。除了在平面上写（和读）数字文本之外，他更进一步，思考了以三维物质块的形式存储这些文本。他认为，为了存储 1 比特的信息，我们将最少需要每面 5 个原子的一个立方体的物质；或者，用我们习惯的粗略估计方式，每比特约需 100 个原子。不论开 / 关之前的这个因数 100 存在与否，存储容量都提供了一些冗余给一些可能遗失的信息。他的结论是，人们在世界上所有书本中仔细积累的所有信息可被写入边长为 0.254 毫米或 0.508 毫米的一个立方体的物质中，亦即人眼能分辨的最明显的尘埃的尺度。即使考虑了自费曼 1959 年演讲以来出现的"信息爆炸"，如他以自身名义所言，存储介质的底部仍有充足的空间。

值得提及的另一个费曼的观点是，生物学家已清晰知道有多密集的信息能被存储。例如，构成你身体的所有遗传指令存储在 DNA 中，而 DNA 却被紧塞进每个细胞的细胞核的一个小空间中。而每个细胞是如此之小，你用裸眼根本看不见。

在这一点上，你可能觉得我们已误入歧途。毫无疑问，制作极其微小的照片是为图书馆馆藏节省空间的好办法，亦是"间谍"们偷偷传递信息的聪明途径。但是它与数字技术"打赢"模拟技术有何关系呢？事实上当今的计算机本质上是缩微照片。

5.2　把计算机视作缩微照片

把用真空管制造的计算机缩小到微观大小是困难的（也许根本不可能）。一方面，我们必须考虑我们如何产生能在微小的真空管中自由运动的连续的电子流。也许真空管能做得足够小，使得不再有足够多的空气分子来阻挡丝极和屏极之间的可能路径，但我们依然必须首先提供能量使电子自由，也必须散掉由此产生的热量。思考技术如何在不用半导体晶体管的情况下取得进步是一个令人感兴趣的脑力活动。

如我们在第 4 章所见，半导体把我们从真空管的机械和热局限中解放出来，使得缩小门电路至微观尺度成为可能。随着大量更完善的技术和复杂机械的发展，这一制造门电路的新方法促使了用和印制缩微照片同样的方式"印制"由微小门电路制造的计算机。我们可以把该过程分解成以下步骤。

· 用硅制作出一块非常纯的半导体晶体。因为要对其导电性能进行控制，晶体的纯度必须优于每 10 亿个半导体原子才允许存在一个杂质原子（99.9999999%）。

· 把晶体切割成薄的晶圆片。

· 抛光每个晶圆片，使它非常平。

· 现在考虑基板，用我们希望印制一层电路的某些材料，比如绝缘体二氧化硅，封装晶圆片。
· 用被称为光刻胶的特殊光敏材料封装二氧化硅。
· 把预设计好的门电路的图像投影至光刻胶上。该过程将曝光一部分光刻胶，其他部分被遮住不曝光。
· 曝露在光线下的光刻胶部分变成可溶的，可以冲洗，剩下的投影图像为已曝光的二氧化硅。
· 用化学品蚀刻已曝光的二氧化硅。
· 冲洗剩下的光刻胶，在基板上剩下二氧化硅的图像，包含作为电路层的投影图像。

该过程一层接一层地完成，完成 20 ~ 30 层，而且在该过程中的某些阶段这些层也可被连接起来，使得构建复杂的晶体管门电路成为可能。其间，也需向已曝光半导体的不同部分进行掺杂，这可通过在适当位置向晶圆片喷射高速离子完成。晶圆片随后被切割成芯片并被包装好。

半导体制造工厂，通常被称为芯片制造厂 / 晶圆片代工厂，已成为当今工业奇迹。所谓的加工晶圆片的洁净室必须确保无尘、无振动，以及仔细控制其温度和湿度。进行缩微照相的高精度机器，被称为光刻机——可进行蚀刻、掺杂、切片、包装等，是昂贵的。建成一个新的生产厂能轻松花费数十亿美元。看来在数字计算机的故事中我们总是会碰到极大或极小的数字。

5.3　芯片制造厂中的海森堡不确定性原理

正如你可能想象的那样，芯片制造厂的复杂和精确操作会呈现各种各样的变化形式。但是，对我们来说重要的是，图案是用光 – 光子印制上去的，而光子是由量子力学定律控制的。因此，海森堡不确定性原理建立了高度竞争的芯片制造业的游戏规则。因为芯片平面布置图通过本质为照相术的方式被投影到晶圆片上，那么其能反映的最细微特征的界限取决于用于照相的光的波动性。能被投影到晶圆片上的最小细部的尺寸正比于所用光的波长：波长越短，频率越高，细部尺寸越小。图 5.1 用包含两个亮点的图像展示了这一点，这两点以不同距离隔开。每一亮点的图像，被称为爱里斑，是一组由光的衍射引起的、不断扩大的同心圆。随着两个亮点不断靠近（从上到下），爱里斑倾向于合并，两个亮点越来越难于区分。

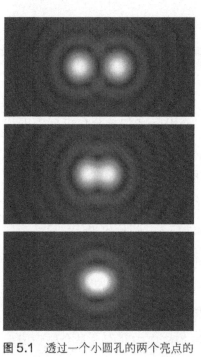

图 5.1 透过一个小圆孔的两个亮点的衍射图像。随着两个亮点越来越靠近（从上到下），因为小孔所致的光的衍射它们变得难以区分。

因为光学分辨率是由所用光的波长决定的，光刻的发展趋势也趋向于越来越短的波长——从深紫色下降至更深的紫外线（UV）。人们投入了大量的精力用于研发这些应用所需的激光器。大量的资金被用于提升专业工具在芯片上集成更多晶体管的能力，以至于在微芯片制造所采用的成像技术的发展过程中，我们没有忽略任何技术、没有放过任何诀窍。但是这一光学的游戏也有遵循光的波动性和海森堡不确定性原理的局限——如果光子是理想的粒子，不具有波动性的话，将没有光的衍射。

在芯片上集成越来越多晶体管的压力已引发了在芯片生产中试验性地运用电子束和 X 射线，因为电子束和 X 射线有更短的波长（它们的能量越高，波长就越短）。因此，硅光刻的历史或许将追随光学显微术的历史，它们都受到相同的基本限制。

例如，光学显微镜显示直径约为 8 微米或 8000 纳米的人的红细胞没有任何困难。可见光的波长约为 500 纳米，远小于红细胞的直径，因此红细胞可用任何一台普通的光学显微镜相当轻易地看到。即使是一个玩具显微镜也能演示红细胞。但是流感病毒，而且是一个相当大的病毒，直径仅约 100 纳米，是红细胞直径的 1/80。故 500 纳米波长的可见光对病毒来说太大了，即使用最佳光学显微镜也无法分辨出一个流感病毒。

当光学显微镜无能为力之际，电子显微镜"出手来援"——电子能不费力地拥有 1 纳米量级的波长。充满精美细节的流感病毒的图像在放大 100000 倍后得以呈现，而即使是最好的光学显微镜通常最大也只有 1500 倍的放大率。再一次说明，一切皆关乎量子力学。

5.4　摩尔定律和硅时代：大约 1960—？

1965 年，仙童半导体公司创始人之一，也是未来英特尔创始人之一的戈登·摩尔，为无线电电子学行业的商业杂志《电子》的特刊撰写了一篇论文。人们请他预测在接下来的 10 年半导体业的发展。除了众多其他的成就，他最为知名的成就是提出了用他名字命名的摩尔定律。

摩尔采用的数据实际上少得可怜，这却成为他正确的预见和直觉的证据。图 5.2 给出了他要处理的所有数据。仔细观察这些数据，我们可列出以 2 为底的近似对数，如表 5.1 所示。

表 5.1　摩尔所采用的数据

年份	对数	元器件数
1959	0	1
1962	3	8
1963	4	16
1964	5	32
1965	6	64

初始的从 1 个到 8 个元器件的跃升表明，正是在 1959 年后在一个集成电路芯片上装进不止一个元器件才变成可能。当采用这样一种简洁的

数字列表方式表述时，趋势如何就变得清晰了：每个集成电路的元器件数看上去每年都翻一番。摩尔以谨慎的方式采纳了这个加倍率，他说："显然在短期内可以预测这个加倍率会持续保持下去，如果其不增长的话。"在更长的时期内，该加倍率我们有点儿不确定，尽管我们没有理由相信至少10年里它不会保持几乎不变。这就说明了1975年摩尔为何能在单一集成电路上装进65000个元器件，并且这与他的归纳预测如出一辙。

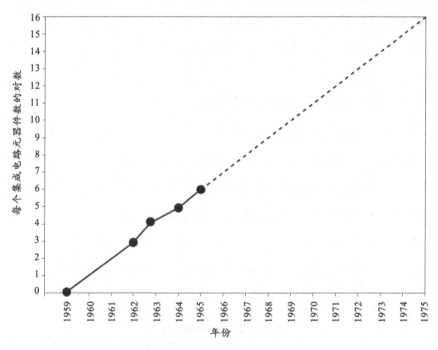

图5.2 摩尔的非常有限的数据，源于其1965年的论文。

论文中他的关于半导体发展趋势的判断实际上比只清点一下塞到一个芯片上的元器件总数更清晰。毕竟，摩尔是一个商人，也是一位科学家，他把企业家的眼界聚焦到当时仅为初级技术的发展潜力上。

芯片生产中的一个关键考量是产量。在给定批次的芯片中，不可避免将有废品，而且你越通过在芯片上封装更多的门电路来推动技术进步，产量越低。如果你非常保守地应对，你能获得高产，但每个芯片集成了较少的门电路。如果你非常积极地应对，你的产量很低，但每个芯片集成了较多的门电路。因此，存在一个最佳权衡或最佳位置，即使每个门电路的生产成本最小化，这也正是摩尔用来得出他的预测数据的办法，如图 5.3 所示。

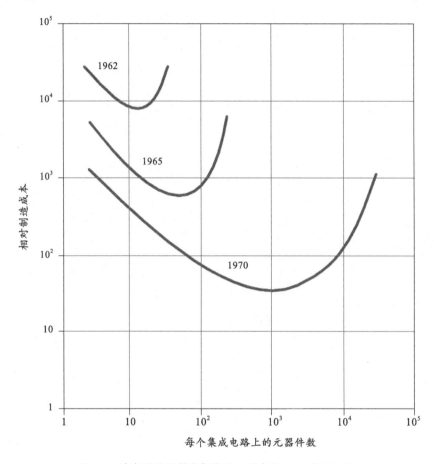

图 5.3　摩尔关注的最佳权衡点，引自他 1965 年的论文。

不管怎样，各种形式的摩尔定律都纳入了半导体技术的发展历史，并含蓄地预测，晶体管的密度每一年或一年半或两年或沿着这些时间轨迹翻一番。图 5.4 展示了从 20 世纪 70 年代早期到近期芯片上晶体管的实际数量。图 5.5 展示了同一时间跨度内在这些芯片上蚀刻晶体管的线宽，亦即所谓最小特征尺寸。考虑到摩尔是在 1965 年写成的论文，他预测的准确性看上去几乎是超自然的。

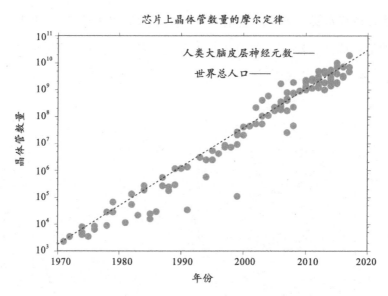

图 5.4 商用芯片上晶体管的数量随时间的变化。本图的上限是 10^{11}，大约为人类大脑中神经元的总数。

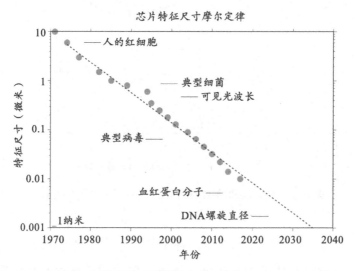

图 5.5 硅片上蚀刻晶体管所用的最小特征尺寸随时间的变化。同时展示的是一些典型小物体的尺寸。回想一下，1 微米是百万分之一米，1 纳米是 1 微米的千分之一。

芯片技术行家们争论其间的细微差别。我们应当统计每个芯片上的晶体管数还是测量其最小特征尺寸？实际需要耗费多少时间实现两倍的变化？摩尔定律真的是在牛顿万有引力定律意义上的定律吗？或者它仅是一个为满足市场预期、由制造商的需求推动的自我实现的预言？这些对我们都不重要。我们关注的是固定时段内的翻一番，它正是晶体管密度指数增长的定义。

有一本我在孩提时代首次遇到的、物理学家乔治·伽莫夫著的经典书，名为《从一到无穷大》。其魅力之一为伽莫夫亲自画的插图，我最近重读此书时，在我脑海中这些插图栩栩如生。图 5.6 展示了他的一张速写，图中西萨·班·达依尔跪在印度舍罕王面前。伽莫夫告诉我们，国王想奖励他的这位大臣，因为他发明了国际象棋，且是一位娴熟的数学家。大臣请求道："在这张棋盘的第一个方格内放一粒麦子，第二个方格内放两粒麦子，第三个方格内放 4 粒麦子，第四个方格内放 8 粒麦子。国王啊，照这样下去，每后一方格都比前一方格加一倍，请赏赐我足够多的麦粒以摆满棋盘上所有 64 格吧。"国王回答道："你要的不多啊，我忠诚的仆人。"同时心里为自己对这样一个奇妙游戏的发明者所许下的慷慨赏赐不致让他破费太多而暗喜。但西萨·班·达依尔的请求一点也不简单。伽莫夫估计世界小麦产量（他 1947 年写道）为 20 亿蒲式耳（农作物的容量单位，约合 30 升）。现在小麦的产量大约是那时数据的 10 倍。他估计 1 蒲式耳大约有 500 万粒小麦。用今天的 200 亿蒲式耳乘每蒲式耳 500 万粒，我们得出全世界每年生产约 10^{17} 粒小麦。当最后 1 蒲式耳小麦被扛到国王面前时，棋盘上小麦粒的数量将是 2^{64} 粒，或者大约为 1.8×10^{19} 粒。因此大臣获赠的礼品将相当于大约 180 年的当今世界小麦的产量。这就是指数增长的力量。

还有另一个经典的例子。在一篇 1969 年发表的名为《进步的力量》文章中，艾萨克·阿西莫夫根据大概的人口指数增长情况得出了一个逻辑结论。他提出了如下问题：假定人口以每 47 年（即他引用的 1950 年到 1969 年的速率）翻一番的增长率增加，全世界达到曼哈顿的人口密度需要花费多长时间？简单计算后得出需要 585 年。如果你觉得这没什么大不了的，那么阿西莫夫继续指出，估计若以同样的增长率，在 6700 年后，整个宇宙的物质将都变成人肉。

图 5.6　西萨·班·达依尔跪在舍罕王面前，解释他的关于奖赏他发明了国际象棋的适当提议。引自伽莫夫 1947 年的著作。

在真实世界中指数增长绝不可能无限继续下去。因为终极结果通常是荒诞的，所以总得付出点什么，比如国王耗尽了小麦，人们令地球枯竭了，美国政府停止支付债券利息。

5.5　指数壁垒

到此为止读者应当清楚了，我一直在用自然定律给你设置一个冲突。海森堡不确定性原理为我们能在晶圆片蚀刻多细的线设置了基本限制，量子隧穿效应限制了我们在晶体管中制造的极重要渠道（相当于门结构）能有多窄。所以，半导体芯片密度的指数增长迟早会"撞到砖墙"上。考虑图 5.5，如果我们继续把直线向下画，2040 年前的某个时刻，我们在硅晶片上蚀刻晶体管需要的特征尺寸将缩减至晶体自身的硅原子之间的距离，可以肯定硅晶片上的晶体管将不会比该距离更小。我们将遇到当今硅片范式的基本物理极限。

但是，我们不必惧怕任何"进步的终结"。摩尔定律可能"死去"，但是计算机行业狂热的进步势态必须持续。计算机太有用了，人们太依赖它们，而且投入了太多的资本研发计算机来满足人们的需求。这一进步发生在两个前沿，即硬件和软件，迄今为止我们几乎专注地集中于硬件。离散状态的思想及其在半导体晶体中的呈现已经改变了世界，但正如我们所见，我们需要为烈火加点新燃料。

硬件进步的一个可能方向可由量子力学提供，它是同样非凡的知识体系，描述了当今传统的、经典计算机的物理极限。但是发现一个计算的新物理家园似乎是一个长期的命题，所以我们将暂时离开硬件前沿，不过后面还会再回到硬件和量子计算。

现在是时候转到软件的可行性及限制上来了。像通常一样，我们的视角将处于较高层面。此处不涉及代码。

第二部分

图像和音乐

第6章　比特音乐

6.1　1957 年的"怪物"

现在的计算机主要处理 3 种信息：文本、声音和图片（含视频）。因为文本文件本身是离散的，所以人们很容易看出计算机是如何存储和操作这类文件的。对于声音和图片文件，虽然我们认为现代计算机处理这两类文件也是理所当然的，但这两类文件本质上是模拟的。要在音频或视频的模拟世界和数字世界之间转换，计算机需要利用第 1 章中提到的模数和数模转换器，而这些转换器在个人计算机变革之前速度还不够快、体积不够小以及价格不够便宜。

这里为大家做一个简短的回顾，我曾经使用过的第一台计算机是 1957 年 IBM 生产的 704-Summer。图 6.1 显示了同一型号的机器，它庄严地"坐在"曼哈顿上城区被称为"IBM 世界总部"的一座摩天大楼里。

IBM 704 是最后使用真空管的机器之一，它占据的空间有几个房间那样大。右侧的磁带机与冰箱大小相同，玻璃门的高度与机柜的高度相当，两侧的真空塔能减轻磁带松弛的影响。IBM 704 运行一个程序往往需要整个下午的时间。比如，我从办公室乘出租车到图中所示的机房，在那里我需要用很长一段时间准备好打孔卡和一大卷磁带并装到机器上。我收集行式打印机打印出的结果卡，然后乘出租车回到市中心，对得到的结果进行分析研究。这种结果卡上还带有墨水的味道，纸张交替的水平绿线图案可以引导眼睛观测。但如果程序中存在错误，就意味着需要另一个预定的时间段、另一次往返的出租车旅程和另一个下午，才能再次运行该程序。

图 6.1 1954 年的 IBM 704 机器。现在的笔记本电脑要比这台机器快 25 万倍，内存也是这台机器的 10 万倍。

当时 IBM 704 是世界上最快的机器之一，即超级计算机。它的运算速度有多快呢？还好我保存了 IBM 704 使用手册。该机器的基本循环时间（即周期）为 12 微秒，即使运行最快的指令也需要 2 个周期，完成浮点运算大约需要 20 个周期。故该机器的基本速度约为 4000flop，其中 flop 为每秒的浮点运算次数。时至今日，最快的计算机运算速度有多快？当然，现在的超级计算机可以并行使用数百万个处理器。公平起见，只是将 IBM 704 与我现在使用的笔记本电脑进行比较。该笔记本电脑的时钟频率约为 2 吉赫兹（相当于 0.5 纳秒的循环周期），可以完成浮点运算流水线，也可具有多个处理器，运算速度达到 10 亿 flop，也不需要 20 个周期来处理浮点指令。这意味着能放到背包里质量为 4 磅的该笔记本电脑比 IBM 704 要快 25 万倍，它一秒完成的运算量对 1957 年的 IBM 704 而言，则需要大约 3 天的时间。

内存近年来也取得了飞速发展。IBM 704 的随机存取存储器（Random Access Memory，RAM）使用了磁芯存储器，价格昂贵而且体积较大，大型计算机总是多通道使用这些内存，以实现快速存储。IBM 704 的最大可用容量为 3.2 万字符，其中每个字符包括 36 比特，这意味着该机器中最大内存不到 150 千字节。这种容量的内存，现在的价格非常便宜。这种发展令人印象深刻，相比现在的计算机，IBM 704 就像是在非常狭窄的区域缓慢爬行。

6.2　偶遇数模转换器

后来我接触到一个数模转换器。在完成关于数字滤波器的论文之后，我开始在普林斯顿大学任教。偶然的机会，我认识了音乐系的几位极具创新精神的作曲家，他们试图将音乐从一个庞大的数模转换器中提取出来。该数模转换器是由贝尔实验室的计算机音乐先驱马克斯·马修斯捐赠给学校的。在那之前，普林斯顿大学的计算机音乐作曲家不得不开车去 128 千米外的贝尔实验室，才能转换他们的数字磁带，这比我在 6.1 节中提到的在曼哈顿乘出租车往返还要远。

当我路过两位作曲家的房间时，我听到了他们熟悉的磁带驱动器咔嗒嗒作响的声音，我还听到了一些类似报警的声音，根本算不上是音乐。我朝房间内探了探头，问他们在做什么。他们表示正在尝试制作数字版本的谐振器。它有点像音叉，但用数字代替金属棒，且结果非常刺耳。当我告诉他们我最近几年都在思考这类问题时，我觉得他们有点怀疑。毕竟，我是一个无名的陌生人，只是随便溜达进来的一个相当年轻而傲慢的陌生人。不过通过这次偶然的会面我获得了他们的信任，我开始了与计算机音乐作曲家多年愉快的合作。

我提到了他们的数字谐振器出了问题，数模转换器是将整数作为输入。例如，对于每个声音样本使用 12 位的情况，数模转换器要从 4096（2^{12}）种可能性中接收数字。这意味着数模转换器可处理的最大值受到严格限制，如果输入的是较大的数字，数模转换器的结果就会有问题。这就是他们的问题，数字谐振器的输出信号超出了数模转换器的输入阈值。解决该问题的方法是，将计算得到的信号传输到数模转换器之前对其缩放，缩小到阈值范围内。因为我一直在从事数字谐振器的相关工作，所以给他们计算出所需的缩放比例并不难。事实上，这难度相当于数字信号处理入门课程的课外作业。当时我的感觉就像乘坐一只巨大的银鸟降落在南太平洋的一个岛屿上。

6.3 采样与傅里叶变换

按照常识，如果声音要以数字形式进入计算机，就需要对其进行采样。那么，到底是如何采样的呢？

声音是一种纵波，它通过在传播方向上使空气发生膨胀和收缩来传播。横波与纵波相反，横波是质点的振动方向与波的传播方向垂直，例如吉他弦的振动。你可以利用螺旋弹簧玩具，通过推动自由端或者横向摆动，来分别激发这两种波。麦克风可将对空气产生不同压力的声波转换成电压信号，以固定的时间间隔对其进行采样。

然后，我们面临的一个问题是，需要以多快的速度对声波进行采样，才能真实地表示声音，以及每秒需要多少个样本？在频率领域，有一个非常漂亮且易于陈述的标准，源于约 200 年前让·巴普蒂斯特·约瑟夫·傅里叶的贡献。

我们可以将包括声音信号在内的任何信号视为许多不同频率简单信号的和。这是一个影响深远的想法，在前文对噪声的讨论中遇到过，值得花时间来描述它的影响。不需深入的数学推导，我们可以把任何信号，比如来自麦克风的电压信号，看作时间或频率的曲线图。更专业的术语是，信号的不同角度称为域，我们可以在时域或频域中查看信号。傅里叶变换可以将信号从时域转到频域，反向变换称为逆傅里叶变换。通过这两种变换，可以实现信号在时域和频域之间的转换，而不丢失信息。

同样重要的是，时域中对信号的某些操作与频域中对信号的某些操作相对应。粗略地说，时域中发生的一切可以通过适当的镜头在频域中看到对应的变化。在这种情况下，我们说时域和频域之间存在同构。前述镜头的比喻并非幻想，实际上，普通的玻璃透镜可用于查找被视为二维空间信号图像的傅里叶变换。

6.4　奈奎斯特采样定理

现实世界中某信号的频率总是有限的，其与晶体管的工作速度有限制的原因相似。所有电子元器件都有一定的电容，它限制了电荷的累积速度，也限制了电压变化的速度；再加上机械设备也有一定的惯性。这些因素限制了实际信号在特定物理环境中所具有的最高频率。我们只需要重点关心采样信号的最高频率，在给定的采样频率下，低频信号更容易处理。

下面我们以启发式的方式推导上面提到的快速采样标准。一个给定频率的"纯"音调，通常是以常见的正弦波引入的，时域波形是先上升、下降，然后下降、上升等。正弦函数被称为"圆函数"，主要原因如下。想象一个旋转的水平圆盘，将一个例如来自发光二极管（Light Emitting Diode，LED）的光点粘贴到圆盘边缘的固定点上。若把房间光线调暗，我们会看到光以给定的速率、以"每秒圈数"或赫兹为单位的特定频率持续旋转。如果你从侧面看圆盘，光线会来回移动，它会精确地描绘出正弦波的波形。旋转圆盘比起波动波更容易可视化，也能得到更精确的正弦图像。顺便说一句，物理学家和工程师们大量使用了正弦波的这种替代表示方法，尽管从数学上讲，它是以相量的复数值函数形式出现的。理查德·费曼写了一本名为《QED：光和物质的奇妙理论》的奇妙小书，用简单的术语解释了量子电动力学，书中他使用一张旋转着的小圆盘的图片来贯穿始终。

现在,不要让LED随着圆盘的旋转一直稳定点亮,而是周期性地闪烁。每次闪烁都对应着光点与圆盘一起旋转时的位置。如果我们对圆盘的每次旋转进行多次采样，就可以很容易地获得圆盘旋转的真实速度。然而，如果我们试图避开较慢的采样频率，则会达到这样一个点，即圆盘每转一圈进行两次采样，那这个光点则会在相隔180度的两个位置之间来回翻转。如果避开较慢的采样频率，圆盘每转一圈对光点的采样频率少于两次，越来越慢，则会发生相当糟糕却有趣的事情：小光点似乎朝着与实际相反的方向转动。如果将光点的闪烁速度降低到圆盘每转一圈一次，则闪烁的光点看起来会是静止的。如果继续将光点的闪烁速度降低到慢于圆盘每转一圈一次，则光点似乎又以非常慢的速度向正确的方向旋转，这个速度远低于圆盘的真实速度。

回想老的西部电影，当马车逐渐停下来时，车轮毂会朝反向转动、逐渐减速，再向正向转动、越来越慢，直到马车最终停下来。这种现象背后是摄像机的采样帧频，该帧频被标准化为每秒 24 帧。而当马车车轮每秒转动的圈数大于 12 圈时，我们实际是在以每次车轮转数小于两圈的频率进行采样，引发视觉上车轮轮毂反向转动的错误感觉。数字信号处理从业人员称"虚假"频率为真实频率的化名。

现在，我们可以从这个思想实验中得出简明结论：为了真实地捕获信号频率，采样频率要大于信号中最高频率的两倍。换言之，如果给定采样频率，信号中出现的最高频率要小于采样频率的一半，才能通过采样重建原信号。信号的这个最高频率称为奈奎斯特频率。

哈里·奈奎斯特当时在贝尔实验室工作，该实验室从 20 世纪初开始就非常关注通信问题。奈奎斯特（1928）在《美国电气工程师学会学报》（*Trans. AIEE*）中提出了这一定理，文中他利用已发明 90 年的电报术语对该定理进行了解释。奈奎斯特定理现在也被称为奈奎斯特采样定理。

例如，由于声音信号的频率通常在 20 千赫兹以下，对应现在全世界对音频的数字化采样所需频率为至少 40 千赫兹。事实上，光盘使用的标准采样频率是 44.1 千赫兹。完全相同的想法也适用于视频信号的模数转换，但是速率要快得多。

6.5 数字化的另一场胜利

尤其需要注意的是，奈奎斯特采样定理是一个必要条件。它告诉我们，必须以至少是信号中最高频率两倍的速率进行采样，但它不能保证以此频率进行采样就一定会准确还原出原始模拟信号，因为模拟信号采样是有损失的。但令人惊奇的是，以数字信号最高频率两倍的速率进行采样，不仅是必要的，而且足以完美地还原出原始模拟信号。

21 年后，贝尔实验室另一位极具影响力的研究员克劳德·香农对奈奎斯特采样定理加以明确地说明并正式作为定理引用，我们在后文会详细介绍香农。香农 1949 年在《美国无线电工程师学会会刊》（*Proc. IRE*）中将奈奎斯特采样定理描述为"定理 1：如果函数不包含高于 W 的频率，则可以通过在一系列间隔为 1/（2W）秒的点上给出其坐标来完全确定它"。通常，这一表述也被称为奈奎斯特 – 香农采样定理。

我非常喜欢香农的启发式观察，他所说的高于 W 的频率类似于前文提到的"圆盘上的光点"的参数，但二者并不完全相同。我们以给定模拟信号中最高频率 W 的周期 1/W 表示该定理："这是通信领域中的常识。直观的理由是，如果模拟信号不包含高于 W 的频率，则在不到最高频率的一半周期的时间内，不能改变为实质上新的值。"即以 2W 的频率的采样，是信号最高频率的两倍。

如本节标题所述，这是数字化处理的一大胜利。它告诉我们，如果我们以奈奎斯特采样定理所要求的速率（或更快的速率）进行采样，原则上可以利用采样信号完美地重建原始模拟信号。理论上，我们可以在数字领域做任何我们在模拟领域做的事情。这一点值得深思：该定理证明了我们今天所说的数字信号处理的合理性。

当然，在此过程中也存在不可避免的缺陷，我将简要介绍其中的一些缺陷。但它们并不是关键部分，我们可以通过使用更快的速度和更大的存储空间，将这些缺陷的影响降低到我们希望的程度。

第一个缺陷是，从模拟信号中采样时测量精度是有限的。光盘采用的标准是 16 位，这意味着有 2^{16} 或 65536 个可能的不同级别可以区分。更高的精度是可能的，但没必要付出更多成本。噪声总会潜伏在音频系统中的某个地方，例如，麦克风和前置放大器的电子设备、背景环境或模拟设备中的其他任何位置。若设备分辨率远超 16 位，这意味着它有大量"精力"用来捕捉通常听不到的噪声。

　　模数转换过程中的另一个缺陷，在音频数字处理的历史早期就已出现。若模数转换时采样频率选取不当，将可能出现高于奈奎斯特频率的信号与低于奈奎斯特频率的信号，高频和低频信号混叠在一起，类似前文圆盘上的光点的例子，这样就无法还原出原始的声音信号，这对音乐来说是非常糟糕的。一般来说，声音中那些不需要的频率与原始模拟声音中的音调没有谐波关系。因此，在具体实践中，通常对模拟信号采样之前要对其进行滤波，以消除高于奈奎斯特频率的频率，这一过程称为低通滤波。但事实上，没有能完美地屏蔽所有不想要的高频信号的滤波器。我们只能在采样之前充分过滤信号，将其混叠程度降低到可接受的水平。

　　顺便说一句，虽然我不时地提醒你视频采样的处理方式与声频相同，但我主要专注于音频采样处理。原因之一是音频处理"离我的心脏越来越近"。而主要原因是，数字图像处理更加复杂，需要二维采样。考虑到图像是移动的，数字电视需要三维采样，即使硬件的数量遵循摩尔定律一直呈指数级增加，数字电视的发展也落后于数字广播约 20 年时间。

　　数字成像中有一个常见的混叠示例，在成像中称为莫尔效应。例如，一件数字成像的条纹较窄的衬衫，在某些情况下，我们会看到它的波浪形图案在闪烁，因为条纹的频率高于奈奎斯特频率，所以会被混叠到较低的频率。当衬衫相对于相机移动时，角度会改变，并且锯齿会不断移动。相同的道理，当你扫描报纸图片等文档时，也可能发生混叠现象。扫描仪通常利用软件来改善这一问题，软件会过滤原始图片以抑制高频信号，这与音频系统中使用的低通滤波类似。数码相机通过对图像的某种模糊化处理方式来实现低通滤波。

　　数字信号处理中有一些有趣且有用的巧妙方法，与处理精度及解决混叠问题有关。例如，如何在更高处理速度和更低处理精度之间权衡，有时候更有效的方法是，提高设备处理速度并适当降低处理精度。

6.6 另一个同构

总结一下，我们可以像处理模拟信号那样处理视频、音频等数字信号。当然，就像可以在模拟或数字世界中查看信号那样，我们同样可以在时域或频域中查看信号。根据奈奎斯特采样定理，以高于信号最高频率的两倍进行采样时，可以根据采样信号完美还原出原始模拟信号。奈奎斯特采样定理构建了频率受限的模拟信号与采样信号之间存在的同构映射关系。

另外提一下，这不是模拟信号和数字信号之间的唯一同构映射方式。有一种方法不需要将模拟信号限制在其包含的频率内。你可能想知道这种方法如何避免混叠。好吧，它并非利用采样方式，而是使用其他更复杂的方法从模拟信号中获取数字信号。这里的细节并不重要，关键是，模拟和数字信号处理在一般意义上是等效的，这就是为什么我们现在可以应用数字设备方便地进行录音和拍照。

第7章 噪声世界的通信

7.1 克劳德·香农 1948 年发表的论文

如果观察现在的计算机用户会发现，他向某台很可能成百上千千米远的其他计算机发送或从它接收信息所花的时间一般不会太久。这种通信需要光纤或铜缆，或者无线电，它们都对信息从一处传送至另一处的通信速率设定了确定的极限。实际上，对于信息通过任何介质被传输能有多快一直存在一个极限。为什么会这样？答案使我们回到一个讲述过的主题，回到先前关于模拟计算和微芯片制造的局限的讨论：世界本质上不可避免的是一个嘈杂的地方。

自然地，通过存在噪声的介质进行通信的普遍问题吸引了强大的研究中心贝尔实验室的注意，贝尔实验室雇用了奈奎斯特和香农。在奈奎斯特描述其采样定理 20 年后，香农完成了通常在科学上相当罕见的工作：他"单枪匹马"一举开拓了一个全新的领域，形成了被称为信息理论的理论体系。就像苏联数学家亚历山大·辛钦评价的那样："数学很少出现这样的情况，即在首次致力于一个新领域的研究时，该领域就形成成熟的科学理论。"他所指的著名论文即香农 1948 年发表的论文。

香农 1948 年发表的论文实际上在两个重要部分确切地完成了辛钦所说的：它一举开拓了一个成熟的领域。该领域也有点儿特殊，因为它包括数学的内容（更确切地说是概率论），又包括通信工程的内容。为了理解信息论给出了为什么数字方式取代了模拟方式的其中一个原因，我们将用自己习惯的非正式和非数学的方式，回顾香农最重要的、实际上非常惊人的理论成果，它经常被称为有噪信道编码定理。鉴于它是关于信息通过一个噪声信道传输的速率的理论，所以我们必须首先描述一下信息是如何度量的。

但是，在继续之前，我需要做一下区分。当谈及信息能以多快的速率从一点传输到另一点的基本极限时，我们必须对类似管道中的水流一样的信息流动的速率，及发送和接收特定比特之间的延迟或延时加以区分。在后一种情形中，我们知道基本极限是光速。在前一种情形中，通常是对流式数据用户的限制因素，即香农有噪信道编码定理在起作用。例如，当你测试你的互联网连接速度时，通常你担心的是速率（用每秒百万比特表示），而不是延迟（用千分之几秒表示）。

7.2 度量信息

为了理解我们是如何度量信息的，让我们考虑掷公平硬币，即一枚既不偏向于正面也不偏向于反面的硬币。按照通俗说法，我们说正面或反面的机会均等，或者一半对一半。更正式的说法，我们说正面或反面朝上的概率都是 50%。天气预报员们很好地利用了统计对冲：随便看一个气象站点天气预报员的报道，一个位于中东部加勒比海上的强劲的、快速移动的热带系统有 70% 的概率发展成热带气旋。

如果我一次掷一枚公平硬币，并且我不告诉你结果，我就在你脑海中引入了一定量的不确定性。如果我接着告诉你结果，我就去除了那个不确定性。一般说，我给了你一些信息。它是一个简单但是重要的内容，亦即信息是不确定性的去除。我给了你多少信息？在简单的掷公平硬币例子中，这很简单：我们说掷一枚公平硬币的结果中的信息是 1 比特；如果我们掷公平硬币两次，我们说结果的信息是 2 比特——假如第二次掷不以任何方式受到第一次掷的影响；3 次独立地掷公平硬币，结果的信息是 3 比特，依此类推。

一个用于思考像掷硬币之类的事件结果的有用方法是考虑可能结果的总数量。在掷一次硬币的情形下，有两个相等可能性的结果；在掷两次硬币的情形下，有 4 个相等可能性的结果；在掷 3 次硬币的情形下，有 8 个相等可能性的结果，依此类推。你可以发现这里发生了什么。为得到可能的结果数，信息量应是我需要用 2 乘的次数。每掷一次公平硬币就用 2 乘可能的结果数。"为得到可能的结果数，我需要用 2 乘的次数"有另外一个名字，亦即该数的对数，或者该数以 2 为底的对数。我们在这里使用以 2 为底的对数，但我们使用以 10 为底的对数也无妨。但是变换对数的底引入了一个比例系数，改变了信息的单位。例如，使用以 10 为底的对数产生以十进制数字为单位（就像你猜的那样）的信息，而不是比特。一个十进制数字约等于 3.322 比特。

现在假定世界的某地发生了某事，如掷一枚公平硬币，或热带气旋的翻转——假定你根本不知道它发生。当我通过发送给你一条消息告诉你结果时，表示我已经给了你大量的信息。因此，你可以把一条消息中的信息量视为在收到消息时掷公平硬币的等效次数。如果我掷公平硬币 10 次，就有 2^{10} 条我可以发送给你的可能的消息：第一次掷正面或反面，第二次掷正面或反面，依此类推。这样一条消息的信息量就是 $\log_2 2^{10}$ 比特，或者 10 比特。

到此为止，我们已讨论了处理同样可能性的事件时如何度量信息。那么具有 70% 概率的飓风怎么样呢？（或者，具有 70% 概率的同一件事如何？）当我告诉你两天后一场飓风会 / 不会生成时，我发送给了你多少消息？当我们处理两个不具有同样可能性的事件时，我们接下来将推导这类情形的信息测度。测度结果是非常自然和唯一的。从某种意义上说，没有其他测度（取决于比例系数）具有我们想要的特性。标准的信息论教科书通常先给出测度的定义，接着证明它的性质，但是我们喜欢用非正式的方式说明它。

核心观点是把有 70% 概率的飓风视为起源于 100 种同样的可能性（假定），其中 70 种是正，30 种是负。任何可能性都可用这种方式分解。再看另一个例子，如果一件事的概率是 1/3，那我们就可以构想 3 个同样可能的事件，一个为正，两个为负。

现在，继续可能有飓风的例子，假定两天后确实生成了飓风。你对100 个假设的事件中究竟哪些事件发生了不感兴趣，而只是对那 70 个

"正"事件中的一个事件发生了的事实感兴趣。如果我发送给你一条消息，告诉你 100 个事件中究竟哪个事件发生了，我将发送给你 $\log_2 100$ 比特的信息，但那远超所需。在有飓风的事件中，我发送给你 $\log_2 70$ 比特的额外信息，提供给你指明了 70 个"正"事件中的那个发生了的事件的不相关信息。因此包含在"飓风发生"消息中的信息量是 $\log_2 100 - \log_2 70$ 比特。鉴于你被引入对数"奇观"中可能需要一段时间，因此我冒昧地提醒你对数减法为真数相除，即"飓风发生"消息中的信息量是 $\log_2 100/70$ 比特，大约为 0.515 比特。所以，如果一件事有 70% 的概率发生，则该消息携带了仅约半比特的信息。

如果你回看我们刚做的事，总的来说，你能看到告知你概率为 p 的事件的消息，其信息量是 $\log_2 1/p$ 比特。用我们之前的讨论验证此点，当我发送给你一条消息，告诉你单次掷公平硬币的结果为正面时，我发送给了你 $\log_2 1/0.5 = \log_2 2 = 1$ 比特的信息。

我们也能验证一点，即极端情形下这至少符合直觉。如果一个事件非常有可能发生，它的概率将接近 1，意味着它的消息携带了非常少的信息。比如明天太阳升起的概率非常接近 1，是 1 减万亿分之一（$1/10^{12}$），则"太阳确实升起"信息的结果是 $1.441/10^{12}$ 比特。这根本不会是头条新闻。另一方面，考虑太阳不再升起的事件。根据我们的估计，它发生的概率为 $1/10^{12}$，这个灾难发生了的消息（确属头条新闻）中的信息量是 10^{12} 的对数，或者约为 40 比特。这看上去似乎不多，但是考虑到和预测明天太阳将升起相比，正确预测连续掷 40 次公平硬币的结果是多难啊！

7.3　熵

回顾一场不确定的飓风的例子，不难发现预测中的平均信息量并不是特定消息中的信息量。我们已计算了预测中的信息量，说明飓风已生成的信息量是 0.515 比特。这是一个概率为 70% 的事件。负面消息有

30% 的概率，对应于 1.74 比特。因此，我们讨论的该类天气预报中的平均信息量就是 70% 概率的 0.515 比特和 30% 概率的 1.74 比特。其加权平均的结果是 0.881 比特。当天气预报在预报飓风时，假定它发生的长期概率是 70%，我们称此为天气预报的熵或自信息。

告知你太阳已升起的消息的熵是 40 比特乘太阳未升起的概率（$1/10^{12}$），加上 $1.44/10^{12}$ 比特乘太阳确实会升起的概率（1 减 $1/10^{12}$），因此熵大约为 $41.4/10^{12}$ 比特。确非一个你可能会着重关注的信息源。

再看一个具有易于操控数字的例子，假定一场赛马比赛有 8 匹竞技马匹，8 匹马赢的概率分别是 1/2、1/4、1/8、1/16、1/64、1/64、1/64、1/64，熵为 $(1/2) \times \log_2 (2) + (1/4) \times \log_2 (4) + \cdots$。

结果就是 2 比特。某一特定 1/64 胜率的赛马却取胜的新闻是一条大信息量的消息（6 比特），但平均而言，赛马胜者新闻信息带有 2 比特，亦即赛马比赛的熵。

在继续之前，不必大惊小怪，我想关注一下我们曾陷入谈论概率和随机事件的事实。如果我们定义信息为去除不确定性，这一点就是不可避免的，因为随机性正是表征不确定性的一种方式。在我们掷骰子前，我们并不确定 6 面中的哪一面朝上，我们说掷骰子的结果是一个随机事件。当我们描述致使模拟信号出现错误的（不确定）噪声时，实为同样的叙述。实际上，各种传输系统中噪声的出现已使概率论成为通信理论的基本工具，而且辨别出信息本质上基本是统计性的，也是香农最重要的贡献之一。

对梦幻般科学的注释

似乎每隔几年就会有一个科学术语吸引科学爱好者，熵就是一个令人兴奋的例子，混沌和黑洞潮流则是更近的例子。事出有因：朱利亚（Julia）集合和分形引人入胜，黑洞则在外太空造就了激动人心的冒险传奇。当香农选择术语熵作为他的信息测度时，熵这个概念自身及其数学形式自 19 世纪中叶起就已经在科学圈中使用，奥地利物理学家玻尔兹曼在 19 世纪 70 年代用它确切表达了热力学第二定律。你还记得前文讲述的、伽莫夫的一本书中关于西萨·班·达依尔谦恭的麦粒请求的故事吧，其中就有许多熵增直至宇宙热死的说法，而热力学第二定律被认为应对"时间之箭"负责。实际上，伽莫夫的书中有一节为"神奇的熵"，我认为，就是反映了彼时科普的风尚。但是，他的讨论深入浅出，实为大师科普的典范。

幸运的是，我们不需要深入研究热力学中熵的意义，以及它与香农信息测度的关系。我们还可以愉快地继续把它用作一条消息的平均信息量，亦即以 2 为底 $1/p$ 的对数的平均值。

7.4　噪声信道

香农信息论的发展是顺畅的，只用几个基本概念就沿直线前行。我们已定义了一个随机消息源的信息量。这些消息通过一个信道传输，因为它一般会被某种噪声损坏，所以该信道并非完全可靠。因此，信道的输出是另一个随机变量，我们希望它与初始输入密切相关。这儿存在两个随机源：第一个是初始消息，它是我们视为信号的信息源；第二个是噪声，它能导致信道传输的误码。

基本问题是，对于给定的最大允许的传输误码率，假定它很低，那么经由给定信道在单位时间内我们能传输多少信息？答案具有重要作用。它决定了经由特定的互联网召开视频会议是否可行，或者接收从环绕土星飞行的卫星上传送的一张土星的照片要花多长时间。趋近准确地回答这类问题需要学习一到两门相关大学课程，但是这里我们只是为了比较行事的模拟和数字方式。

真实世界的信道，正如它们用电缆传输无线电波、电或光脉冲，本质上是模拟的，就像我们用耳朵听到的声音、用眼睛看到的图像一样，本质上是模拟的。但是鉴于我们将要展开介绍，需要指出的是，在信道发送端信号通常会从数字量转换为模拟量，在接收端又从模拟量转换为数字量。

举一个具体的例子，假定你用你的智能手机发给我一条语音消息。途中会发生什么呢？首先，在一个微型麦克风前你的语音会从模拟压力波信号转换为数字形式，如我们已讨论过的那样，以一串比特存储在你的手机里。就在那里，信号会以各种方式被处理，也许为强调或去除不同频率波段会被过滤，或者在不过于扭曲的前提下被用某种方式压缩，使它变短一些。代表你语音的比特接下来会被成批打包（数据包），并用于调制模拟的、从你手机传输至信号塔的无线电信号。在信号塔，模拟无线电波再被转换为数字形式，经过各种方式的处理——也许以某种方式过滤或清理、与其他手机的其他信号交错，或者在等待可用传出机会之际被保存。你的语音信号被再次用来调制一个模拟的、离开信号塔的无线电波，或许是一个通过地下的铜缆或光纤离开信号塔的、模拟的电信号或光信号。信号继续传播，以你的语音信号存储为我的智能手机上的比特而结束，然后等待我以语音消息的形式提取出来，并在最后一次数模转换后听取它。

在这个传输过程中，每一次都要对信号进行一点儿也不复杂的加工。信号由模拟形式被转换为数字形式，当进行数据处理时，如果需要通过无线电或线缆传输或听取（或观看，若为图像信号）信号的话就接着将其数模转换回来。这一信号在模拟和数字形式之间的来回穿梭能在你的语音和我的耳朵之间发生很多次。所有这些信号转换为数字形式的基本原因是数字处理便宜、灵活、易于编程，并且如我们在一开始所见，因离散的本质及信号标准化，数字处理在本质上是无错的。

但是，传输链中的模拟联系则是相对易错的，而理解噪声的影响正是信息论的闪光之处。

7.5 编码

与在计算机上处理相比，经线缆以无线电或脉冲的形式发送 1 比特消息是一个有风险的提议。值得复述的是，由于对离散态的标准化，数字处理本质上是无错的，和通过无线电或线缆在远大于半导体芯片尺寸的距离上的传输相比，这一表述是无误的。另外，传输中的错误并非像数据处理中的错误那样罕见，特别是当你处于一个低信号或高噪声的区域时，譬如在隧道或地下室。例如，假定你的手机用其无线发射器传输一个 0。信号塔错误地接收到一个 1 的概率，远远大于你的手机数字元器件中的 0 不知何故弄错成 1 的概率。后者当然可能发生，但也仅会因电子元器件中的某个极端罕见的噪声脉冲或小故障而发生。这一数字处理的优越性可追踪至同样的根源，正如我们在第 2 章中所见：数字态始终被存储成两个离散值之一，而模拟态却被连续地置于噪声的损坏之下。

从概念上处理真实的（非完美的）模拟信道的标准方法是假定 0 和 1 被传输，存在一个 0 不注意地变为 1 或反之的概率，习惯称之为 ε（希腊字母，英文注音为 "epsilon"，历史悠久的代表微小量的符号）。这个模型被称为二进制对称信道，图 7.1 给出了其示意图。术语对称指的是我们假定的、从 0 到 1 误码的概率与相反方向误码的概率一样的事实（仅为简便起见）。这一高度理想化的模型极完美地"抓住"了噪声信道的本质，它一直被用在信息论的初始学习阶段，当然符合我们此处的目的。

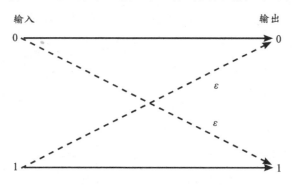

图 7.1　二进制对称信道的示意图。输入 0 或 1 在左侧，输出在右侧，传输误码（虚线箭头）出现概率为 ε。

记住，传输误码是由模拟信道不可避免的噪声引起的。早期人们即认识到在被传输的信号中引入冗余，会以这种或那种方式使得检测和更正这些误码成为可能。任何在被传输的信息中考虑冗余的计划一般被称为编码，就像你可能根据我们的生活预计它的重要性那样，编码论已发展成为一门高度复杂的学科。说信息论有两个主要分支并不算过于简化：第一个了解什么是可能的，第二个通过编码逼近它。为了便于理解，我将给出两个编码的基本示例。

单错检测编码

一些编码被设计成允许只检测错误，不考虑更正它们。我们能用简单的、众所周知的奇偶校验器实现这一目的。假定我们正在发送 3 位的块。我们可给每个块增加一个第 4 位，使得 1 码元的总数为偶数（比如说）。如果我们接着收到一个 4 位的、有奇数个 1 码元的块，我们就知道传输中一定发生了错误。在这类情形下我们不知道哪位出错，或者实际上是否可能发生了 3 个错误。我们能做的最佳选择就是丢弃该块，并且如果可以的话，我们请求重新传输。

这个方案对小块有效，但是随着块的长度变长，越来越可能发生偶数个错误，并且这些错误将逃过检查。一方面，信道误码概率的大小 ε 限定了我们能生成多长的块；另一方面，较短的块意味着我们将发送较多数量的位来校验奇偶，这将导致较低的总传输率。例如，在刚给的例子中，对于每 3 个初始的信号位，我们需发送总共 4 位，因此 75% 的通信量用于实际信号。相反，如果我们给 9 位信号块增加第 10 位作为奇偶校验，则 90% 的通信量用于实际信号。但是在后一种情形下更易出现逃过检查的误码。正如我们不久将看到的，这个在真实传输率和误码率之间的权衡在 1948 年之前似乎是基本的、不可避免的。这也就是为什么香农 1948 年发表的论文给了我们如此巨大的惊喜。

单错更正编码

使接收器在检测误码的同时也能更正它们的编码是可能的。图 7.2 用几何形式给出了最简单的例子。假定我们只想发送一位，即一个 0 或一个 1。把它们视为图中立方体的两个相对的顶点，图中它们用实心圆表示，分别标记为 000 和 111。使用该编码意味着当我们想发送消息 0 时，我们实际传输的是 000；而当我们想发送消息 1 时，我们实际传输的是 111。假定在接下来的讨论中仅能发生单错。如果发生双错，事情就另当别论。

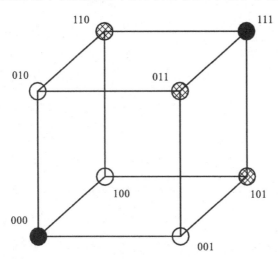

图 7.2　一起来看作为立方体标记的单错更正编码。标记这样排布使得相邻顶点差 1 位。编码的第一位告诉我们是在前侧还是后侧，第二位告诉我们是在底面还是顶面，第三位告诉我们是在左侧还是右侧。空心圆指的是当 000 以单个误码传输时可能接收到的消息，实心圆指的是当 111 以单个误码传输时可能接收到的消息。假定只能出现单错，如果我们接收到的消息对应于一个空心圆，我们就知道 000 被传输。与之类似，如果我们接收到一个对应于实心圆的信号，我们就知道 111 被传输。这样的话我们就能更正单错。

现在注意，鉴于我们在图 7.2 中标记顶点的方式，当我们传输 000（一个 0）时，一个误码将从标记为 000 的顶点向标记为 100、010 或 001 的 3 个顶点中的一个传输待接收的消息。与之类似，如果我们传输 111（一个 1），一个误码将使消息移动至标记为 011、101 或 110 的 3 个顶点中的一个。因此，如果我们接收到有单个 1 的块，我们就知道 000 被传输，且消息 0 为原本想传输的；如果我们接收到有两个 1 的块，我们就知道 111 被传输，且消息 1 为原本想传输的。正如我们保证的那样，该编码使我们能检测并更正单错，但付出了每条消息位不得不传输 3 位的代价。

7.6　噪声编码定理

因此，如我提出的那样，第二次世界大战后紧接下来的几年中通信系统工程师们一直在黑暗中摸索怎样使用噪声信道才是可行的。布拉胡特这样说："在香农 1948 年发表论文之前，人们普遍相信噪声限制了信道中的信息流。从某种意义上说，随着人们降低了收到消息中要求的误码概率，被传输消息中必需的冗余增加了，因此数据传输的真实速率下降了。"布拉胡特的意思就是，随着我们为降低误码的概率而编码，传输率逐渐降至 0。这种说法是完全错误的，并且香农如何弄清真相是我们在本书中反复遇到的、非凡的智力跨越示例之一。

事件的实际状态可概括在所谓的噪声编码定理中。该定理通俗的形式如下：噪声信道具有与之相关的某一容量 C，单位为比特 / 秒。（使用合适的编码）以低于 C 的任何给定速率、按任意小的误码率传输信号是可能的。相反，我们只有在低于 C 的速率时才能用这种方式减少误码。

噪声编码定理解释了信息论在指导通信系统工程师方面所起的不可或缺的作用。该定理告诉工程师，通过特定信道，他能实现以良好的误码性能乃至信道容量率来传输信号，但不会更快。拥有像这样的定理基准助力通信系统工程师，就像热力学定律助力电厂工程师，或者如我们稍后将要看到的，复杂性理论助力算法工程师一样。了解什么是可行的、什么是不可行的将非常有用。

生活在地球上的人知道天下没有免费的午餐，我们以微小的误码率传输信号所付出的代价存在于编码中。噪声编码定理要求我们用块来编码，且随着我们抵近允诺的低误码率，要接收越来越多的输入数据。此举的缺点是它会在传输中引入延迟，这是否是一个严重的问题取决于特定的情形。对于处理批量数据，延迟也许无关紧要。但是对于电话通话，例如，关于客户能容忍多久的延迟，则存在一个确定的限度。在编码的复杂性和效率之间也存在不可避免的权衡，它们反映出了继续为通信系统工程师提供就业机会的设计难题。

如前文所述，信息论以罕见的相干形式诞生。我们从它的核心结论，即信息编码理论，提出了信道容量的概念，以及实现任意小误码率的编码的可能，但是仅在低于信道容量传输时。

7.7 数字化的又一场胜利

正如你可能预想的那样，也有一种模拟版本的噪声编码定理，信道的合适的模拟容量能通过模拟编码实现。数字处理战胜模拟处理的原因再一次被加拉格尔的如下评述预言："近年来，数字逻辑的成本稳步下降，而没有类似的革命出现在模拟硬件中……当然这并不是说整个模拟通信系统已过时了，而只是说 10 年前尚不存在的、主要的数字化系统有众多的优点。"那是在 1968 年。在发送端和接收端，当今任何编码或其他的信号处理方式，除了最严厉型的实质上自由的预过滤和后过滤外，皆为数字的。

顺便提一下，你可能从现在流行的"带宽"一词中发现了信息论的踪迹，它是一个恰好体现了如下想法的词：给定速度下的通信能力在某种程度上是一个基本且很昂贵的商品。其运用以事实为根据：在对噪声适当假设的基础上，信道容量正比于使用频率的带宽。

第三部分

计算

第8章 模拟计算机

8.1 从古希腊谈起

我们已经了解了为什么使用离散形式而不是连续形式来处理信息，这一非常基本的想法使信息处理成为我们的主导技术。将我们自己限制在两个状态意味着可以使信号实际上不受到模拟世界（有些人会说是真实世界）无处不在的噪声的影响。它还使我们能够将电子电路缩小到非常小的尺寸，而且正如我们刚才所见，这使得通过本身远非完美的通道，完成声音和图像基本上完美的交换和存储成为可能。至此，我们已经做好了准备……但是，计算是革命的灵魂，是时候讨论计算机了！

在计算机只有几盎司（1 盎司≈28.3 克）重而成为设备齐全的人类不可或缺的装备之前，它们仅被视为解决问题的工具。当然，最早的是模拟计算机。它们的操作原理非常多样，其中许多都设计得很巧妙，旨在解决非常特殊的紧迫问题。它们通过使用某些物理系统（机械、电气、液压、光学）来工作，这些物理系统遵循我们有兴趣研究的所有事物的相同行为规则，即"模拟"。因为要解决的有趣问题太多，所以模拟计算机的故事与所有科学和数学的历史交织在一起。下面的例子从这些故事中摘录了一些要点。

因为设计模拟计算机的可能性非常大，目前，我施加了一个重要的限制。我们将注意力集中在仅依靠经典物理学进行操作的设备上，也就是量子力学之前的物理学，即在 20 世纪之前。我们将在第 11 章中回到量子力学计算机这一重要主题。

对于模拟计算机的一个非常简单的例子，我们可以追溯到公元前 5 世纪和雅典的天文学家梅顿，他观察到年份误差仅在几小时内，19 年实际上近似于阴历的 235 个月。对想要关联太阳历和阴历的人来说，这是一个非常有用的事实。这 19 年周期被称为梅顿周期，已被用于许多文化。

现在假设我们制作了两个啮合的齿轮，一个齿轮有 19 个齿，另一个齿轮有 235 个齿。如果齿轮啮合并且曲柄转动，则 235 齿齿轮每转 19 圈，19 齿齿轮的轴将转 235 圈。因此，我们可以将 19 齿齿轮的公转数视为计数月份（月球绕地球转动），235 齿齿轮的公转数视为计数年份（地球绕太阳转动）。这样，我们建立了一个模拟计算机，该计算机可以模拟太阳和月球的运动，并以此方式显示它们在轨道上的位置及其相对相位。

要销售上文的日月机，我们可能希望将它放在时尚的木盒子中，并将齿轮连接到漂亮的表盘上，以进行展示……好吧，这使我们到达了小旅行的第一站。

安提凯希拉装置

第一台配得上"计算机"这个名称的设备是在公元前 70 年左右，在希腊安提凯希拉岛附近某艘古罗马沉船上发现的，该岛屿位于爱琴海的克里特岛和伯罗奔尼撒半岛之间。这艘失事的船是由一群潜水员在 1900 年发现的，直到后来的挖掘工作完成近 8 个月之后，人们才发现安提凯希拉装置的碎片。不幸的是，2000 多年的地中海海水将精细的装置腐蚀，只剩下了一些碎片。从那时起，学者们一直致力于艰苦的机器重建工作中。近期对该装置的重建进度说明由弗里思等人于 2006 年给出，他们指出"至少在那 1000 年之后的时间里，它在技术上比任何已知的设备都要复杂"。

尽管目前的进度与安提凯希拉装置的原貌仍存在差距，但是我们已经了解了非常多。该装置包括一个由至少 30 个齿数不同的相互啮合的齿轮组成的发条装置，很可能是手摇的，与表盘相连，一个在前，两个在后。当曲柄转动时，指示器刻度盘会显示在黄道带中运动的太阳、月亮，可能还有 5 个当时已知的行星，还有月食和日食的发生。正如我们可能期望的那样，上面作为示例使用的梅顿周期在该装置的操作中起着核心作用。

安提凯希拉装置并非玩具。相反，它的计算结果对所有古代人来说都是极其重要的，包括乘坐这艘不幸的货船将要前往他处的罗马人。毕竟，农民需要计划播种和收获时间，牧师需要安排宗教节日。除此之外，古人也不希望他们的生活受日食的影响。图 8.1 展示了安提凯希拉装置。它在原始的木箱中隐藏了内部部件（而不是透明的塑料），该装置在公

图 8.1　安提凯希拉装置的几种可行的重建方式之一。

元前 2 世纪就显得非常奇妙。

　　嵌入安提凯希拉装置中的相互啮合的齿轮是所有设备中最显著的特征，也是一项技术突破：差速器。图 8.2 展示了差速器的最简单形式。滑轮保持在位置 $(a + b)/2$，即 a 和 b 的平均值，是支撑它的两条"输入"绳索到参考点的距离。举例：如果点 a 向上移动而点 b 向下移动相同距离，则滑轮将保持在相同位置，b 的变化是 a 的变化的负数，并且这些变化会被抵消；如果点 a 和 b 在相同方向上移动相同的距离，则滑轮也会移动相同的距离；如果 a 保持固定并且 b 移动了某个距离，则滑轮及其连接的绳索移动一半的距离。

　　实际上，差速器中的滑轮通常由圆形齿轮代替，而绳索则由左侧和右侧的齿轮代替。这正是安提凯希拉装置使用差速器的方式，也是你的汽车将动力从发动机传递到左、右车轮的方式，以适应它们在弯道上以不同速率旋转的情况。差速器加入安提凯希拉装置后的 2000 年中，被独立地重新发明了很多次。从我们的角度来看，它是一台模拟加法器，我们将在 19 世纪末、20 世纪初的模拟计算机中再次看到它。

　　思乡的理查德·费曼在参观考古博物馆后，于 1980 年到 1981 年间从雅典回信给他的家人："我看到太多的藏品，脚开始疼。因为藏品标签分类不好，我把所有的东西弄混了，而且因为之前已经看过很多类似的东西，这使我感到有点无聊。除了一件东西：在所有这些藏品中，有一件完全不同而且奇特的藏品，以至于它让我觉得几乎是不可能的。"当然，他指的是博物馆的 15087 号藏品，它是幸存下来

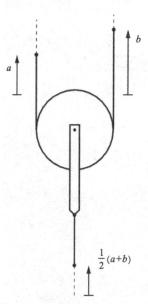

图 8.2　差速器的最简单形式，是安提凯希拉装置的一项关键创新。它本质上是一台模拟计算机，可以使两个量相加或相减，在这种情况下，参考点 a 和 b 的位置在滑轮周围的两条绳索上。

的安提凯希拉装置。

8.2　更巧妙的设备

计算尺

我需要提及计算尺吗？它现在是收藏家的藏品。但是在 20 世纪中叶它是工程师随时随地使用的计算工具，是行业的象征，也是迄今为止历史上使用最广泛的模拟计算机。作为一名大学生，随身带着一把用橙色皮套装饰的木质 Keuffel&Esser 计算尺，就像现在的学生随身携带贴满贴纸的笔记本电脑一样。

计算尺通常由 3 个直条组成，材料可以是木头、塑料或金属条，刻度为对数，其中一条夹在其他两条之间且可以在它们之间滑动。然后，可以通过滑动中间的条，将一个条上设置的数字乘或除另一个条上的数字，因为加或减的长度与对应的对数的加或减成正比。实际上，该设备是纳皮尔在 1614 年发明对数之后几年才发明的。计算尺比安提凯希拉装置灵活得多，而且严格的工程计算尺不仅可以用于乘法和除法运算，还可以用于计算三角函数等。

金融指纹仪

金融指纹仪由比尔·菲利普斯于 1949 年发明，其用水代表经济中的货币流动。该机器也称为 MONIAC，用于国民货币收入模拟计算。水从机器顶部泵入，将近 2.1 米高，然后从中央立柱流下。在该机器中，"税收、储蓄和进口被虹吸成单独的回路。每个要素的某些部分重新回到主流，如政府支出以及私人投资和出口收入。底部是净流量，代表给定水平的经济活动所需的最低运行成本，它会被适时地抽回系统中"。

之后人们制造了大约 14 个金融指纹仪，主要用于教学。那是在我们现在认为理所当然的显示屏教学之前的日子。该设备由透明塑料制成，因此可以直接观察政府税收和支出、消费者支出和储蓄等。液压系统进行的流量计算并不是令人难以接受的。机器运转时的能见度使它变得有趣。

方程求解器

在科学计算的许多领域中，一次又一次出现的问题是求解线性方程组。这是代数家庭作业练习的内容：假设朱迪思比米里亚姆年轻 30 岁，如果米里亚姆的年龄是朱迪思的两倍，他们分别多大？如果我们假设 J 和 M 为朱迪思和米里亚姆的年龄，则可以设置两个条件：$J = M-30$ 和 $M = 2J$。这是两个方程，两个方程都只使用未知数 J 和 M 的常数倍数，而没有使用平方、立方或更高的幂，因此使用线性一词。我们可以将第二个方程中的 M 代入第一个方程，发现 $J = 30$ 并且 $M = 60$。完成作业。顺便说一下，通常将这样的方程组变换为使得常数项在等式右侧：$M - J = 30$ 和 $M - 2J = 0$，我们在以下提到"右侧"时即指的这个。这实际上是常规术语。

在设计桁架桥时也会遇到同样的问题，例如当我们需要计算钢梁的承载力以确保桥梁可以支撑其载荷并且不会塌陷时。但是，未知数和方程的数量可能不是两个，很容易达到 100 个。此外，要尝试不同类型的桥梁结构，你需要使用不同的数值多次求解这些方程组，并且如果没有机械计算器（更不用说数字计算机），计算工作量将变得巨大。

威廉·汤姆森爵士（后称开尔文勋爵）因许多事情而闻名，包括他对铺设第一条跨大西洋电缆的贡献。这提供了欧洲和北美之间第一个比船更快的通信渠道。作为一名工程师以及出色的物理学家，开尔文问自己：设计一种机械设备来求解线性方程组（例如我们刚刚描述的方程组）是否值得？他在 1878 年就这样做了，并向英国皇家学会递交了两页半的笔记，提议使用这种机器。开尔文并不只是出于好奇而建议的。他指出："该实用工具可以从相同数量的线性方程中计算出多达 8 个或 10 个或更多未知数，其实际构造不会很困难或过于烦琐。"

显然，什么事情都没有发生，直到 60 年后，当麻省理工学院土木工程学助理教授约翰·威尔伯对开尔文所说的内容产生兴趣。威尔伯显然是一个非常认真的人。他用钢材建造了一台机器，有 13000 个零件，重 0.5 吨，相当于一辆小型汽车的大小，如图 8.3 所示。根据威尔伯的说法，该机器可以求解 9 个未知数的线性方程组，1~3 小时能得到有 3 位有效数字的解。他将使用该机器与使用"键盘计算器"进行的计算进行了比

图 8.3　约翰·威尔伯在他的机器旁。这张照片出现在他的论文《威尔伯》（1936）中，由麻省理工学院博物馆复制。

较，他估计后者需要大约 8 小时。如今，这听起来很荒谬，但别无选择。如果真的可以节省 5~6 小时已经具有很大的意义——特别是如果你的计算机是人工的，并且使用是按小时付费的。当然，你的笔记本电脑的屏幕几乎不会闪烁就能完成此任务，并且答案几乎是瞬间出现的。

托马斯·皮特曼对开尔文的机器及其工作原理进行了非常清晰的描述，他使用 Fischertechnik 拼装模型的零件详细描述了开尔文的机器。图 8.4 展示了他的机器，其中有两个方程和两个未知数。遵循开尔文的建议，每个方程都有一个字符串循环，每个未知数都经过一个滑轮。人们可通过调整滑轮在倾斜板上的位置来设置方程中的系数。

这份报告可能仅是具有历史意义的娱乐罢了，但这里有一些重要的技术要点。首先，为什么机器要花 1 小时以上才能找到 9 个变量问题的解决方案？机器在这期间一直在做什么？没有下载文件也没有循环计算。开尔文是一个非常认真的人，他很清楚这样一个事实，即必须以某种方式将机器从任意的初始状态转变为最终的平衡状态，从中读取未知数的值。他指出："为了在实践中取得成功，运动学机器的设计实质上涉及动力学方面的考虑。" 换句话说，必须给机器以一定的动力，并且要花一些时间才能使它找到一种有用的解决方案，这里假定装置足够精确，滑轮上的摩擦力足够小。准确来说，完成方式取决于构造的细节，但是，无论哪种方式，都必须将机器调到其平衡状态而不会被卡住。威尔伯描述了一个反复试错的过程，以找到最容易移动的板块并通过旋转该板块来驱动机器的其余部分。

我们一定不要忘记将方程的系数设置到机器中所花费的时间，并且这些系数的数目大约是未知数数目的二次方。解决具有 9 个未知数的系统涉及配置大约 100 个系数，每个配置均要使用千分尺螺钉。从威尔伯的描述中很难知道在配置系数和实际操作机器之间的时间是如何缩短的。

3 位有效数字的计算精度如何？如果我们需要更高的准确性怎么办？

开尔文也在 1878 年考虑了这个问题，他的思维过程影响了一个世纪。他指出，一旦从机器获得一个粗略的解决方案，例如 1~3 个数，就可以执行相对快速和简单的计算，将粗略的解决方案代入原始方程中，从而找到计算出的值与右边规定值之间的差。这会带来另一个问题，即完全相同的形式，具有完全相同的系数（但右侧带有新值），这将告诉我们如何调整旧解决方案以获得更准确的新解决方案。我们可以重复此过程以获得任何所需精度的解决方案。此处重要的是，右侧误差（称为残差）的计算不需要系统的解，而只需将当前解代入原始方程即可。开尔文预见了混合计算机的使用，这种计算机将数字和模拟技术结合起来，以充分利用两者的优势。这个想法在摩尔定律生效之前获得了一定的认可，但到了 20 世纪末，数字计算机成为唯一的"游戏"，这个想法就终结了，也许更早。稍后，当我们讨论大脑时，我们将重新研究混合动力机器，事实上，它同时使用了数字和模拟计算。

就说明模拟计算机的速度和准确性的一些技术要点而言，这是我们需要了解的有关威尔伯的机器的全部信息。但是，《麻省理工学院土木与环境工程通讯》杂志提供了预测未来的一些线索。首先，该期刊告诉我们：威尔伯同步计算机器消失得无影无踪……挡在房间 1-390 号外面的走廊许多年后，麻省理工学院博物馆、波士顿科学博物馆或波士顿计算机博物馆的人都不知道发生了什么事。（我提醒读者，该机器是"一辆小型汽车的大小"，有 30000 个零件。）

接下来，期刊编辑报道说："她很惊讶地在有关介绍东京科学博物馆的文章中看到了该机器几乎完全相同的复制品的照片。"在科学作家七星士小泉的往来书信中人们发现，在第二次世界大战之前，日本人复制了该机器，并将其用于航空研究。该日本复制品计划于 2002 年在东京的国家科学博物馆展出。现在结束对历史的回顾，回到对模拟计算的讨论。

8.3 更深层的问题

我已经回答了有关开尔文类型的设备在操作过程中的两个天然的问题——每当我们尝试通过机器或其他方式解决任何问题时都会出现的问题。首先，如果根本没有解决方案该怎么办？其次，如果有多个解决方案怎么办？正如我们将看到的，这两个问题不是偶然性问题。它们在我们理解设备的总体计算能力和局限性方面起着核心作用。

在联立线性方程组的情况下，我们可以轻松地看到这些情况是如何发生的。例如，两个方程可能是矛盾的。在我们的朱迪思和米里亚姆问题中，没有什么可以阻止我们给出 $M - J = 30$ 和 $M - J = 31$。显然，不管其余问题如何规定，都不可能有解决方案。

另一种可能性是两个方程可能是冗余的。例如，我们可能给出 $M - J = 30$ 且 $2M - 2J = 60$。第二个方程只是第一个方程每一项乘 2，它没有告诉我们新的信息。数学理论告诉我们，在这种情况下，将有许多解决方案，实际上，结果是无限数量的。

正如我们可能期望的那样，尝试解决此类矛盾或冗余的方程组将呈现出某些问题。问题取决于我们使用的是哪台特定计算机。最容易讨论的是皮特曼的构造工具机，如图 8.4 所示。在这台机器上设置问题的方式是，每个方程只有一个字符串，字符串最初是松散的，然后对用于确定不同未知数的面板依次拧紧。最初的松散条件意味着我们要求解的方程不是严格的，而是在左、右两侧之间有松弛。当原始方程组有解时，我们将机器驱动到同时满足所有方程的状态。

在原始方程组矛盾的情况下，我们将到达一个方程（从技术上讲，是一个约束条件）松弛但无法收紧的点。解决过程将会被卡住。

在有许多解决方案的情况下，过程甚至更简单。我们将能够通过通常的程序找到解决方案，但是我们达到的目标通常取决于我们的出发点。此外，从我们可以做到的意义上说，当我们得到解决方案时，通过一系列有效的解决方案"滑动"变量时它仍然是"宽松的"。

图 8.4　皮特曼使用 Fischertechnik 构造工具机构造了开尔文所说的机器，用于求解联立线性方程组。人们可通过在底部的跷跷板上滑动 4 个滑轮来设置方程的系数（这些跷跷板可以看作是图 8.3 中的倾斜板）。顶部的两个宽刻度显示了解决方案的组成，左上方和右上方的两个圆形刻度盘设置了方程的右侧。

我们可以从考虑开尔文方程求解器的过程中汲取重要的经验：问题的内在数学难题在尝试解决时会以一种或另一种方式表现出来。如果我们为这个问题建造一个模拟机，则可以期望这些表现是物理的。机器可能会被卡住或得到平滑解。如果使用数字计算机，则可以预测到相应的数字问题，例如尝试除 0，这正是联立线性方程组问题中出现的情况。大自然不允许我们回避基本困难，物理和逻辑都需要考虑相同的现实世界。

8.4　用肥皂膜计算

现在，我们将跨越一个重要的门槛，从我们非常了解的已经解决的问题，跨越到甚至最聪明的科学家都无法做出最佳尝试的问题。

如本章开始所述，最早的模拟计算机和数字计算机被视为解决问题的工具。摩尔定律和由此产生的个人计算机，在巨大的市场力量的帮助下，将注意力转移到了数字计算机。从本质上说，它是一种数据处理机器，或者更可能是一种数字信号处理机器。如今，计算机科学家致力于使计算机更快、更可靠、更安全、更小巧、更便宜。现在，我们或多或少地知道如何制作出色的智能手机、笔记本电脑、相机以及其他所有能使现代生活变得美好的小工具。

也许有些讽刺的是，建造了第一批大型笨拙的机器来解决计算问题的科学家们是这列技术火车上的搭便车者，他们在计算机上愉悦地相互探讨问题，而且在几秒内与全球其他同事共享研究成果。但从我们的角度来看，为什么世界变得数字化？我们从宏观上进行了探讨。回到将计算机视为解决问题的工具的层面上，问题的原因很简单而且令人信服：我们想知道什么是可能的，什么是不可能的。我们是否会因为坚持使用数字机器而忽略了独特的资源。简而言之，当解决问题而不是信号处理成为主要的智力挑战时，我们必须对未来进行规划。

这里有一个很小的问题，称为斯坦纳问题。假设我们在平坦的地球上拥有 N 个城镇，我们希望将它们用道路网连接起来。如何在最小的道路总长度内做到这一点？这个问题，最简单的是 3 个城镇的版本，可以追溯到 17 世纪的费马。但是在 19 世纪数学家雅各布·斯坦纳之后，该问题就没人关注了，其被命名为"斯坦纳问题"。

举一个简单的例子，如果 $N = 3$，并且 3 个城镇位于边长为 16 千米的规则（等边）三角形的角上，则解决方案是选择三角形的中心作为连接点并连接三角形的 3 个角。最明显的替代方案是使用直路（没有交叉点）将一个城镇连接到另外两个城镇，但是该解决方案的道路总长度为 32 千米，而"星形"解决方案的总长度为 27.712 千米。假设在我们理想的世界中，我们不考虑星形解决方案 3 个通路口的交通信号灯的额外费用，那么这可以节省约 13% 的混凝土。

当城镇的数量远远超过 3 个或 4 个时，这个问题的真正困难就变得显而易见了，这是选择连接点（斯坦纳点）时出现的令人尴尬的大量可

能性答案。我们确实得到了数学家的帮助，他们证明了我们不需要超过
$N–2$ 个斯坦纳点，并且在任何斯坦纳点上，恰好有 3 条路相交，且始终
呈 120 度角。然而，除此之外，我们还面临着众多选择：有多少个斯坦
纳点？它们如何连接？哪些城镇与哪些城镇相连？图 8.5 展示了一个示
例，其中城镇位于正六边形的角上。即使是这个很小的示例，从各种各
样的解决方案也可以看出选择可能变得非常复杂。想象一下，例如，当
我们有 100 个没有规划好道路的城镇时，将出现大量选择。

图 8.5　6 个城镇的斯坦纳问题的 3 个候选方案，这些城镇位于正六边形的角上。

库兰特和罗宾斯的经典著作推广了一种思想，即可以将线框浸入肥
皂溶液中并抽出来，用来解决斯坦纳问题，留下肥皂膜来揭晓解决方案。
比利时物理学家约瑟夫·普拉托在 19 世纪 70 年代对肥皂膜进行了大量
的实验。最小表面积问题的数学研究可以追溯到数百年前的欧拉和拉格
朗日。方法背后的物理原理是，肥皂膜倾向于形成最小表面积，因为这
会使得由表面张力所引起的势能最小化。例如，将圆形的线框浸入肥皂
溶液后，在撤出时会产生我们所期望的膜，该膜仅仅是由线框界定的平
盘。如果膜表面不平坦，则将产生更大的表面积。

图 8.6 显示了如何通过两个平行板之间的导线来解决斯坦纳问题。电
线垂直于两个板块，并在板块上与城镇位置相对应的位置之间延伸。最
小面积的表面将由平板之间形成的平面组成，并且它们在一块板或另一
块板上形成的轨迹向我们揭示了道路在最小总长度的解决方案中必须铺
设在哪里。看起来，物理学通过我们的肥皂膜小型模拟计算机，已经绕
开了必须要考虑的具有众多可能选择的斯坦纳点的数量和位置问题吧？

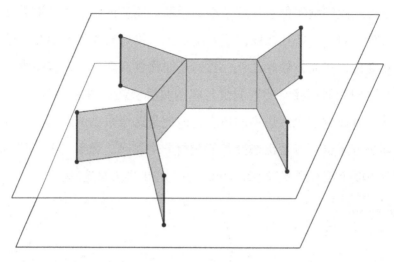

图 8.6　通过将组件浸入肥皂溶液中再撤回并观察所得的肥皂膜来解决有关斯坦纳问题的 5 个城镇问题的例子。

8.5　本地和全球

如果我们认为肥皂膜模拟计算机已经取得了成功，那么对足够复杂的任何其他问题，重复进行多次浸入实验，将很快使我们失望。我们会发现，将出现不同的解决方案，包括斯坦纳点的排列不同，甚至数目也不同。这仍然给我们留下了一个问题，即在无数由肥皂膜提供的候选方案中，怎么知道哪个是最好的？那么，推理哪里出错了呢？

上述显而易见的悖论揭示了该问题和许多其他问题在潜在结构上的不同。肥皂膜提供的溶液实际上没有最小表面积，而只有局部最小表面积。也就是说，每个解决方案只要稍微有些干扰都无法加以改进。每个解决方案在相邻候选方案中都是最优的。但是肥皂膜不能大步向前，跳出去寻找一个完全不同的解决方案，因为它看不到更大的全局情况。

寻找最小表面积的肥皂膜是一个相当抽象的问题，而且也难以可视化。换一种具体方式来看，想象一下你正在崎岖的山峰和山谷中寻找最低点。你所处的海拔代表希望的最小表面积，而你的地理位置代表肥皂膜配置的选择。某个时刻你在山谷的尽头，周围可见的地面都更高，你确信自己已经到达了最低点。但是在你的视野范围之外，可能还有另一个更低的山谷。你无法在不离开该山谷的情况下发现更低的山谷，而离开该山谷意味着要经历很大的冒险或者耗费很多时间。

当计算机科学家研究解决问题的方法时，总会遇到这种情况。通常需要更多该问题的信息以确保特定的山谷实际上是最低的。此现象用术语来描述的话，就是短距离最佳是局部最小值，而不是全局最小值。

同样，应用最小表面张力的物理原理只能获知基本符合该原理的解决方案的改进细节，具体可以通过当前解决方案的增量变化来实现。肥皂膜模拟计算机只能找到局部最小值，这一事实已通过实验得到证实。

就像解决联立线性方程组一样，如果我们尝试使用模拟计算机求解，数学上的困难在物理上会显现出来，但方式更为戏剧化，甚至令人不安。人类直觉性的观念认为，存在与某些核心问题相关的问题，这是后续讨论的中心主题，即对问题难度的研究。

在继续进行我所提到的"基本困难"，即数字化显示之前，我们简要地描述模拟计算机从专用的、机械的发明到它们当前状态的发展。许多人可能会错误地认为当今模拟机早已被淘汰。

8.6　微分方程

到目前为止，我们提到的模拟计算机解决了特殊问题，即解决特殊的方程。另一个例子，人类使用风洞已有 100 多年的历史，它广泛用于研究飞机、汽车和建筑物等周围的气流。

实际上，风洞仅仅需要求解流体动力学方程。例如，以一定比例建立飞机模型，使空气从其周围吹过，测量结果揭示了机身上的空气动力。在数字计算机问世之前，风洞作为"模拟计算机"非常实用——用于确认数值计算结果的准确性。但是，它仅能解决流体动力学问题。如果你投资了一个非常昂贵的风洞，但你又想要研究早期宇宙中星系的形成，那么很不走运，它无法适用，还需要构建一台完全不同的"计算机"。

这种模拟机的优势在于，能解决由微分方程描述的非常广泛的一类问题。微分方程被工程师和物理学家广泛地用于描述几乎所有你能想到的问题：行星和恒星的运动、竞争环境中物种之间的竞争、电流的流动、电路材料的热量、半导体中的电子等问题，都在这个清单中。科学的一种标准方法是公式化，建立描述问题的一类通用微分方程，然后加以求解。运气好的话，少数简单的微分方程可以使用铅笔和纸求得解析解，而如果是全新且有趣的复杂问题则可以通过计算机找到其数值解。微分方程建立了物理量及其变化率之间的关系。

当我们在营养培养基中模拟特定生物（例如细菌）的生长时，就会出现一个最简单的例子。最简单的观点是细菌越多，细菌的数量（例如 N）增加的速度就越快，因为此时有更多细菌在繁殖。我们写的第一个微分方程将指出 N 的变化率与 N 成正比。求得解析解表明 N 如我们所期望的那样呈指数级增长，因为这里没有为细菌的增长加上限制条件。托马斯·马尔萨斯在 18 世纪末撰写了有关此事的论文，今天我们将由此而来的可怕人口指数级增长曲线称为马尔萨斯定律。大约 40 年后，费尔哈斯特进行了进一步研究。当时他修改了微分方程，考虑细菌生长速度受养分竞争的限制这一事实，添加了随 N 增大而减小的因子。他得到更现实和非常成功的结果，细菌的数量在开始时遵循马尔萨斯定律，随后逐渐趋于稳定，即所谓的介质承载能力。这只是生物学家和大多数其他科学家，如何通过逐步完善的微分方程在他们关注的领域开展研究的一个例子。

8.7 积分

现在看来，求解微分方程是将各设备连接起来，找到信号变化关系的问题描述。但实际由于某种原因并非如此，例如，回到不可避免的某些限制因素，即像红线一样贯穿于本书的内容：噪声。测量物理变量的变化率是一个固有的伴有噪声的过程。例如，当你在崎岖不平的道路上行驶时，你会在道路高度突然改变时感到颠簸。因此，通用模拟计算机的工作始终与微分器（积分器）相反。道路高度的变化率在颠簸时可能很大，而实际的道路高度变化率可能很小。

积分过程：给定道路颠簸程度（其导数），我们通过对导数进行平滑（积分）来找到实际的道路高度。我们还可以将积分器视为累积之和。积分也是物理学家和工程师的重要工具，它本身就是一个基本概念，吸引了包括公元前 3 世纪的阿基米德（隐含地）、17 世纪的莱布尼茨和牛顿在内的优秀数学家的注意力。这里没有必要开展微积分课程讲解，凭直观感受记住这一句话就足够了：积分是平滑操作，相反，微分是求切线。

可以的话我插入一些怀旧的话：我作为一名年轻的科学爱好者时坐在图书馆，通过翻阅书籍来寻找宇宙的奥秘。在今天这也许是一种奇怪的方法，但是那时可没有搜索引擎，也没有计算机。似乎每次我尝试超越伽莫夫和类似的普及方法时，我都会遇到神秘的表示积分的数学符号：为高大、苗条且有些古朴的"S"形，呈现出被禁锢知识的光环。本书我不在这里写出这种符号，我们继续后续的讨论。

若要了解如何使用积分在模拟计算机上求解微分方程，考虑最简单的情况，即上述马尔萨斯方程：细菌数的变化率（N 的导数）与细菌数（N）成正比。细菌数量越多，它们的数量增加得越快。重要的观察结果是，如果 N 的导数与 N 成正比，则 N 和 N 的导数的积分也必须成正比。根据定义，"N 的导数的积分"仅得到 N（积分是微分的对立面，两个运算抵消了）。因此，我们有了一个与原始方程等效的新方程：N 的积分与 N 成正比。现在，如果我们有一个机械积分器（即将推出），则很容易进行设置。我们只是将其输出乘一个常数（比例常数），用机械或电气设备将其连接起来作为输入端。在任何种类的通用模拟计算机上求解任何微分方程基本上都遵循这些思路。

8.8　开尔文的研究方案

制造一台可以快速、准确地求解任何微分方程的机器是一个具有深远影响的革命性想法。开尔文再次看到了机器解决方案的潜力，并朝着这个方向迈出了重要的第一步。再一次，这项工作是在 50 年后的麻省理工学院由范内瓦·布什重新进行的。

在汤姆森和泰特于 19 世纪 70 年代收录在《皇家学会议事录》中的论文的附录中，我们能很明显看出开尔文为自己设计了一个直接的研究计划，目标是机械化计算。我在这里概述一些内容，并保留其罗马编号。

I. 第一篇论文描述了一种潮汐预测机，它执行傅里叶合成，将月亮和太阳产生潮汐的不同频率分量相加。傅里叶合成的操作与傅里叶分析相反，傅里叶分析已在第 2 章和第 6 章中使用过，这两个操作是密切相关的一对，互为反向操作。它们在如今科学技术中的应用无处不在。例如，你可能一天要使用傅里叶分析很多次，它是 JPEG 图像编码格式的核心。再举一个例子，最早的计算机音乐实验是利用傅里叶分量进行声音合成的，其计算方法与开尔文的潮汐预测机完全相同。

II. 然后是对开尔文机器求解联立线性方程组的描述，后来我们看到威尔伯对此热心地进行了实施。

III. 下一篇论文实际上是开尔文的哥哥兼合作者詹姆斯·汤姆森撰写的。它描述了一种改进的机械积分器，设计用来求解微分方程的机器核心，后来被称为微分分析器。它的基本思想是从轮盘式积分器继承而来的，该积分器是从面积测试仪发展而来的，后者用于测出在纸上绘制的图形面积。

简化的轮盘式积分器如图 8.7 所示。在该积分器中，车轮充当平台，并且有一个圆盘停在该平台上，以车轮为中心滚动不同距离 $f(x)$，其中 x 是车轮的角位置。小圆盘的旋转，也就是其角度位置的变化，积分出变化的距离 $f(x)$。

轮盘式积分器的问题在于轮盘既需要滑动又需要滚动，这极大地困扰了开尔文。他的哥哥詹姆斯·汤姆森发明了一种改进版本，即在轮子和记录筒之间使用了一个球，而开尔文在他的机器上利用了这种轮子－球－筒积分器。

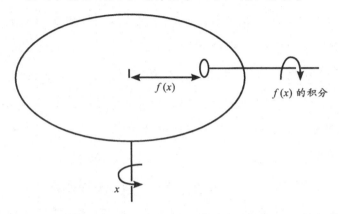

图 8.7　轮盘式积分器的简化示意图。当车轮按一个角度 *x* 旋转时，圆盘沿其方向滚动，与圆心的距离为 *f(x)*，因此累积了 *f(x)* 的积分。

Ⅳ. 然后，开尔文介绍了如何使用第Ⅲ部分中介绍的积分器构建傅里叶分析仪。如前文所述，该机器执行的操作与傅里叶合成器（第Ⅰ部分中的潮汐预测机）所执行的操作相反。

Ⅴ. 他提出了求解二阶导数微分方程的机器。

Ⅵ. 任何阶数的微分方程都是一样的。

Ⅶ. 然后，开尔文描述了第Ⅳ部分提出的机器的实际结构，他将其称为谐波分析仪，用于分析潮汐。该机器现已在伦敦科学博物馆展出。

开尔文似乎一直没有停止思考，但在这里他遇到了困难，用了 50 年的技术开发成果才克服。开尔文的问题是，他无法将一个中间计算的结果传递给其他几个阶段。机械形式的信息从模拟计算机的一个阶段传到下一个阶段的过程中变得越来越衰弱。在数字计算机的电子逻辑电路中会出现相同的问题，其中输出门的信号需要传递到其他几个输入门，一般这个过程称为扇出（fan-out）。在电子计算机中，扇出问题是通过电子放大来解决的。每个节点的输出必须足够强大，以驱动与其连接的所有其他节点。直到 1925 年，亨利·尼曼发明了电子放大器的机械配对件，即扭矩放大器（torque amplifier），这是布什在实现开尔文十分通用的微分方程求解器时所缺少的部分。从那里通向通用机械模拟机的道路很清晰。布什描述了它的一种实现方案。

布什是 20 世纪最有影响力的科学家之一。他与威尔伯一起使用线性方程求解器，构建了刚刚描述的微分分析器，并继续指导第二次世界大战期间的许多重要项目，包括曼哈顿项目的建立。他还在香农作为麻省理工学院的研究生时指导过他，香农即前文介绍的信息理论的创始人。香农在 1941 年写了一篇有关布什的模拟计算机的基础论文，题为《微分分析器的数学理论》。其中他证明了使用我们已经描述的这种类型的微分分析器可以解决非常广泛的一类微分方程。

8.9　电子模拟计算机

很自然，必须在机械车间中建造的机械模拟计算机被具有相同功能的电子版本所取代，并带有对应的电子积分器、加法器和比例常数。此外我们知道，摩尔定律和数字计算很快就"消灭"了最终的通用电子模拟计算机。但是，在 20 世纪 50 年代和 60 年代，商用模拟计算机和数字计算机并驾齐驱，而我自己在本科教育的一部分课程中被要求使用模拟计算机进行编程，它与图 8.8 所示的情况完全不同。在这种情况下，"编程"是指对接线板、配电板进行接线，在配电板上可以将不同的组件与插入面板的电线互连。在图 8.8 中，接线板位于前部。

如今，如果给定的微分方程不是已知解决方案中的少数几个，则可以使用数字计算机对其进行数值求解。为此所需的数值技术已经得到高度发展，可以在科学计算软件包中轻松获得。当今的数字计算机发展很快，以至于人们几乎没有考虑过使用模拟计算机。但是，当数字计算机处于起步阶段时，对于一台速度缓慢且昂贵的数字计算机，在没有屏幕编辑器，甚至没有编译器的情况下，有时在配线架上放置电路比编写代码要容易得多。

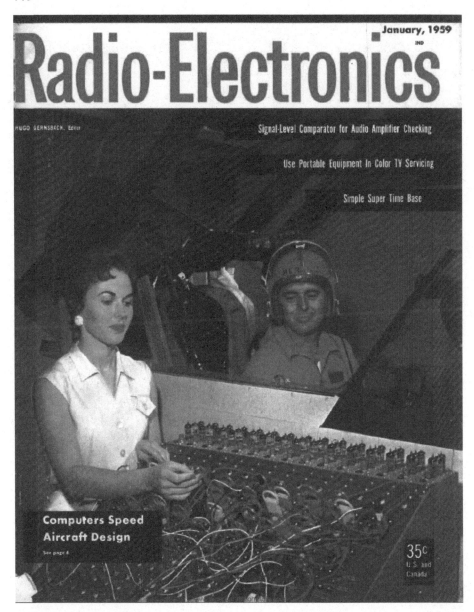

图 8.8　"计算机加速飞机设计"——竞争年代的电子模拟计算机（前部）。3×15 的真空管阵列位于计算机控制台的顶部。

电子模拟计算机的消亡使我们走到了模拟计算的终点，数字计算机时代开启。现在，我们可以更广泛地将计算机视为解决问题的机器，如对于本章开始时介绍的问题的"基本"难度。我们描述了当今计算机科学家如何看待计算，而他们的想法中几乎总是有离散机器的身影。我已经暗示，彻底淘汰模拟机可能还为时过早，我们在不同应用场景下还需要使用它。

第9章 图灵机

9.1 图灵机的要素

如今，基本术语计算机意味着数字而不是模拟，并且计算机科学家们几乎都在研究数字化机器。实际上，计算机理论家们的工作基本基于大约 80 年前阿兰·图灵提出的完全离散的计算机设想，我们将在第 10 章讨论他们关于该台机器（即图灵机）能力的主要结论（和推测）。本章中我的目的是用两个非常基本的原理从头开始创建图灵机，令人吃惊的是这两个原理是 19 世纪早期提出的。第一个原理，用现代术语说就是存储程序，是由法国人约瑟夫·玛丽·雅卡尔完善和带入纺织工业的实际应用的；第二个原理是分岔或条件执行，是由英国人查尔斯·巴贝奇想出来的。

图灵机的原理在于：一、只使用离散形式的信息；二、把控件作为存储程序分隔；三、规定存储程序的执行取决于之前计算的结果。技术和数学领域的专家和学者花费了两个世纪才赶上雅卡尔和巴贝奇的脚步。

现在我们认为存储程序是理所当然的。现在全数字计算机按部就班所做的事情是由程序决定的，或者说是由指令集决定的，它们用某种对程序员来说方便的语言书写，但是被翻译成更基础的、机器硬件可直接理解的语言——参见前述的互相联系的门。因此，在全数字化机器中就易于区分控件和计算本身，前者呈现为一种或另一种代码，后者由上述代码指导并发生在名为中央处理器（Central Processing Unit，CPU）的特殊小芯片中。但是，对全部或部分为模拟的机器而言，如何获知控件和计算之间的这种区别？在接下来的章节中我们将用例子来说明答案，从数字计算机的反面——全模拟机器着手。

顺便提一句，在现代数字计算机中，程序操作的数据通常会与程序细致地分隔开。但是，指令集自身在理论上能像数据那样被处理，并且操作其自身代码的程序被称为自修改。这些程序通常被视为危险的，既因为它们难于正确实现，也因为它们会招致有邪恶用意的聪明编程者的攻击。

9.2 全模拟机器

就特别简单和清晰的全模拟机器的例子而言，让我们回到第 8 章讨论的安提凯希拉装置。它是完全无误地模拟的。该机器是一组啮合的齿轮，齿轮和轴的旋转情况用刻度盘表示。换句话说，所有的运动部件是自由连续地变化的。装置的运转与任何离散行为毫无干系。

现在我们考虑如何区分安提凯希拉装置中的控件和计算。程序并不是用我们通常想到的语言写的。更确切地讲，它具体表现为齿轮与齿轮啮合的选择，以及这些齿轮的齿数比。计算的控制是结构性的，体现为装置组装在一起的方式。但是由这些齿轮完成的计算，预测了行星、月球的转动以及日 / 月食的发生，并且这些天体的上述活动由同样的这些齿轮演示出来。控件、计算以及由每个齿轮的旋转位置表示的数据都紧密地"纠缠"在一起，根本不能分隔开。

9.3 部分数字化计算机

腕表

安提凯希拉装置的原理是钟表原理的"先驱"。实际上，制造安提凯希拉装置的工匠的工作，至少在思路上被早期的钟表匠们学会了，这些钟表匠开始制造绕太阳系的顺时针转动的日心模型，即所谓的太阳系仪。它们常为非常美丽且精巧的装置，但是我提及它们是因为我想引出接下来将讨论的机械腕表。

近年来，高质量的完全机械发条驱动的腕表成为显赫的个人财产的代表，价格往往千倍于数字表。数字表对石英晶体的振荡情况进行计数，并把计数情况简化为数字显示。我们通常把前者称为模拟表，后者称为数字表，即另一类电子产品。但是进度不要那么快！如果我们检查所谓的模拟表的运行，我们会发现一个不可简化的离散元素：来回摇摆的擒纵叉，与擒纵轮的第一个齿啮合，再与下一个齿啮合。擒纵叉和擒纵轮一起被（平衡）摆轮的振荡控制着，它们也通过传递来自主发条的脉冲使摆轮运转。

机械腕表的指针按离散步调运动，如果你用放大镜检查秒针的话会很明显。因此，机械腕表具有模拟和数字方面的特性，不可轻易分割，并且就像其他齿轮机械装置一样，控件和计算都在结构中编码，难于分开。

安提凯希拉装置中的齿轮连续地运动，但是腕表中的齿轮是用碰簧锁锁上的——当擒纵叉摆动时，它们就跳跃，可被视为离散组件。摆轮完成一个基本振荡花费的时间由摆轮游丝的自由、模拟的运动决定，因此机械表能被视为一类模拟控制的数字计算机。我们不用找寻完全相反的情形。

电子模拟计算机

下面考虑用来把电子模拟计算机的不同部分相互连接起来的插线面板，或者临时网络。如前文所述，插线面板以与电话交换机同样的方式工作：有一组插孔，模拟计算机的运行由向成对的插孔中插入的电缆控制着，进而建立起特定组件之间的电子连接。编程工作包括确定哪个模拟组件与哪个模拟组件接通，以及随后真实地把它们电接通。这些连接从我们所使用的术语的意义上来看是数字的：每个可能的连接要么是开要么是关。但是所产生的电流则为连续变化的，并易受噪声干扰，按我们前文比较详细的讨论来看，它是模拟的。因此，前文中描述的多功能电子模拟计算机是一个数字控制的模拟计算机——腕表的反面。控件和计算是分开的，但并未完全分开，因为起两种作用的组件仍由线缆互相联系起来，但是我们正朝着目标努力。

9.4 追忆：新泽西州的存储程序织布机

20世纪40年代的北新泽西州，我儿时的湿热夏夜充盈着让人昏昏欲睡的"七恰七恰七恰"声，它们来自隔壁工厂的大量绣花机。在战时，这些机器一天运转24小时，为半个地球之外的战士们编织徽章。在酷热的、令人愉悦的不用上学的下午，我会从车库的屋顶爬上一个开着的窗户，观看那些"观察员"，他们正在"扫描"行进中的一排排色彩鲜艳的斑块，若发现断线的迹象，他们会伴着机器继续运转，娴熟地续好断线的接头。

这些机器被称为飞梭绣花机（schiffli embroidery machine），因为那些用来固定锁线的、亮闪闪的钢质梭子形状像是微型版的船体，飞梭的意思正是瑞士和德国的方言里的小船。那时我当然不懂这个，但是飞梭绣花机是法国大革命之后不久发明的雅卡尔织布机的"直系后裔"，也是由图灵和他的英国同事发明的原始数字计算机的"近亲"。

完成绣花图案的一排针由纸带上的穿孔控制，它们明确地存在关键的、完全的分隔。穿孔纸带上的洞是程序——绣花针的"舞蹈"即程序的执行。

9.5 雅卡尔的织布机

图9.1展示的是法国纺织工和发明家约瑟夫·玛丽·雅卡尔的丝绸纺织肖像。看上去我们打扰了他的工作，他好像不是很高兴。他右手拿着一个圆规。图片的关键在于下面那堆穿孔的卡片。它们被穿在一起以控制他的织布机，正如他身后的微小模型所示。

在操作中，一组针依次压紧每张卡片，那些碰到洞的针会移动挂钩，提起对应于卡片上的穿孔的经纱。通过这种方式，对每根经纱而言，卡片上的穿孔控制了垂直的纬纱究竟从下面还是上面穿过那根经纱。刺绣设计为一次缝纫一行，每行都由与织布机中的经纱数相符的足够多的卡片控制。

图 9.1　约瑟夫·玛丽·雅卡尔的丝绸纺织肖像，用他自己发明的织布机制作。它基于 1831 年里昂市政府委托克劳德·博纳丰完成的绘画。窗户上看上去像一个弹孔的可能是一个"狡黠"的参照物，反映了丝绸纺织工对于纺织工业引入自动化机械猛烈的并且时有暴力的抵抗。

我们很容易把图 9.1 误认为是版画，但它实际是由雅卡尔织布机采用黑、白丝线编织成的挂毯。"程序"使用了24000张穿孔卡片，远远超过平时生产一般的时尚面料。旧的雅卡尔卡片看上去可能有6行、8列的穿孔，每张卡片48位，这些卡片被穿在一起输入织布机。雅卡尔是一个有伟大远见的人，但是我怀疑他是否会期盼图像压缩的发明。但是，若使用典型高品质的10∶1的JPEG压缩率，该图像约相当于14千字节的黑白图像，并且肖像的总体表现看上去还不错。尽管现在难以想象，但是原始油画的模数转换的确由手工一个像素、一个像素地实现。

雅卡尔的织布机得到了迅疾、广泛的传播。它于1804年被授予专利，到1812年，法国大约有11000台织布机在运转，到1832年，英国大约有800台织布机在运转。但是，该发明并没有得到法国和英国纺织工们的热情反响。毕竟它比手工操作的拉花机约快24倍，并且一名纺织工就能独立操作它，不需要牵线童的协助。因此纺织业的工人们非常清晰地感受到了雅卡尔织布机对他们就业的威胁，这一点曾在英国反技术的卢德运动中表现出来。

雅卡尔并非首个试图使用穿孔卡片或纸带以某种方式来控制织布机的人。他借鉴了多位前辈的想法，而他们的机器仅仅部分成功。但是他的控制电动织布机的装置是首个自动化的、可靠的和快速的装置。这是一个重大突破。把要记录的信息在纸带或卡片上穿孔表示拥有至少可追溯至18世纪的历史。从那时起，该理念就被用在自动钢琴中，随后又被20世纪60年代至80年代的小型计算机广泛使用。戈弗雷·温纳姆在20世纪70年代早期写过数模转换程序，该程序在普林斯顿计算机音乐实验室一直是现成的，可从纸带（或聚酯薄膜）读取。考虑到现代磁和电存储介质的进步，纸带早就过时了，除了某些例外的、其优点仍属关键的可能场景：纸带不受电磁场影响，紧要关头肉眼可读，能迅速、轻易地销毁——这对军事工作来说是理想的。

9.6　查尔斯·巴贝奇

我们为阿兰·图灵搭建舞台的工作还没有结束。存储程序的想法非常重要，但凭此尚不足以开发计算机，因为缺失了一个关键的部分：雅卡尔织布机的程序将持续生产同样的图案，尽管它可能很复杂；但是你绝不可能把织布机编程用作一个网页浏览器、用于阅读邮件，或者仅对一串名字进行排序。缺失的部分是机器依据检查前步运行的结果来决定下一步做什么的能力。任何曾运用所谓的条件语句——比如"如果"或"同时"——写过程序的人都熟悉该理念。这个新的、关键要素由查尔斯·巴贝奇提供，他把它与存储程序的想法结合在一起，于是他亦可被适当地说成在他的时代用他的方式发明了数字计算机——简单明了。

查尔斯·巴贝奇生于 1791 年，以数学家身份开启他的职业生涯，在 1813 年至 1820 年期间发表了超过 12 篇论文，确立了他作为一个令人尊敬的研究者的声誉。巴贝奇自己的出版物清单被记录在坎贝尔·凯利版的巴贝奇兴趣回忆录中。该清单的第 18 项揭示了巴贝奇从传统的数学领域到吸引了他余生大部分注意力和花费了很多精力的学科的突然转变：标题为《关于机器在数学表计算中的应用的笔记》，于 1822 年以天文学会回忆录的形式出版。他的文集的编辑坎贝尔·凯利把这一机械化计算的思想归因于他与友人关于一系列天文用表的合作，如著名天文学家约翰·赫歇尔曾是他在剑桥大学的同学。

> 在我们进行学科谈话的过程中，我们当中的一个人，以一种当时显然不完全算是认真的方式提议说，如果蒸汽机能设法做到替我们执行计算的话将特别方便，而对此的回答是这类事情是非常可能的，这是一个我们都完全赞同的看法，我们的谈话也终止于此。

在这一点上，巴贝奇开始着手他称之为差分机 1 号的计划，之所以这样说是因为它仅依赖加法和减法运算。此差分机和他将来的差分机 2

号计划都执行固定的程序，此处我们对此感兴趣只是因为对他的分析机来说它们可充当跳板和灵感。巴贝奇发挥了理论学家的作用，设计了机器；扮演了工程师和技术员的角色，开发了机器；以及善于募集捐款者，为他的项目寻求政府资助。

巴贝奇是一个有些复杂的人。一方面，他是聪明且一贯迷人的东道主，在他家里定期举行的周六社交晚会上，参加者多为维多利亚时代伦敦知识分子生活圈的精英们，包括我们特别感兴趣的他的朋友约翰·赫歇尔爵士，以及拜伦勋爵的女儿阿达·洛芙莱斯伯爵夫人。另一方面，他既脾气暴躁也天真率直，总体来说是一个蹩脚的管理者。他对政府资助来源的处置，特别是在与首相罗伯特·皮尔"打交道"上是失败的，并且他的支持慢慢都中断了。

关于巴贝奇的流行记述评论道，他从未能完成他构想的任何机器，尽管他确实做好了差分机 1 号的 1/7，一个在 1832 年组装的、由约 2000 个零件构成的演示部件，它直到今天还能完美无瑕地工作。实际上，他不懈努力，以制造他所设想的机器的工作模型，设计特殊的机器工具，超越当今制造技术的极限，他还准备了大量详细的工程制图，并努力争取到巨额经费的赞助人。在那个时代，机械计算装置由蒸汽机驱动或没有动力，人们对电力还不太了解，他没有通过低廉电力把设想付诸实施的选择权。也许巴贝奇最大的问题是他执迷于把其抽象理念转化为钢铁和蒸汽的目标：他的设想常常超越他的实际建造计划。如果说查尔斯·巴贝奇过着令人沮丧的生活，很大程度上是因为他生在一个错误的世纪。

至少为了我们的目的，我建议我们撇开巴贝奇令人着迷的、未尽的多个计算机，而把他视为首个理论计算机科学家。从某种程度上说，机器是他的笔和纸。对生于乔治·华盛顿任美国总统年代的人来说，巴贝奇用相当理性的、最具体的方式思考计算问题。而从计算机科学的角度来看，巴贝奇的非凡贡献如前文所述，在于把条件执行和存储程序结合在一起，进而描绘了首个真正的通用数字计算机。关于"通用"这个重要的字眼意味着什么，在我们讨论了图灵机后还有很多要说的。我们现在要转向他的创新思考的核心——分析机。

9.7　巴贝奇的分析机

设计分析机所需的众多通常很复杂的想法是在不断变化的，巴贝奇则持续精简它们。他也是一个明显缺乏做事原则的人，任何时候都未留下概念机器状态的完整描述，结果他本人仅留下泛泛的、常常令人郁闷至极的多款分析机的模糊描述。我们接下来简单归纳一下那些机器中包含的新思想，所有这些在当今现代计算机中都有对应元器件。

存储程序。巴贝奇非常钦佩雅卡尔的丝绸纺织肖像，并且不顾它们按特殊顺序制作、根本不可广泛获取的事实，而竭力获得他自己想要的。即使在雅卡尔的自动织布机上，每个肖像副本也要花费许多小时来生产。巴贝奇的笔记表明，在 1836 年 6 月，他曾相当自觉地借鉴了雅卡尔的采用穿孔卡片控制机器的思想。这取代了一套采用带螺柱的滚筒的笨拙系统，具有在机器中设置螺柱时消除错误的重要优点，并允许不限制长度的程序。

顺序编程。分析机重复部件的执行顺序由巴贝奇称为组合卡片或运行卡片的卡片来控制，这亦勾起人们对 20 世纪 60 年代到 80 年代用来存储程序的 80 列穿孔卡片组的令人毛骨悚然的回忆，那时它们无处不在，但现在已被淘汰。这些卡片上的指令能控制分岔——取决于先前结果的条件执行，即如我们曾说过的，这一点对于组装一个能进行通用计算的机器非常重要。同样引人瞩目的是对计算输出反馈至输入的规定，巴贝奇描述为“机器咬自己的尾巴”。这就允许运行顺序的迭代，或称之为循环。

乘法与除法。差分机只需要加法和减法运算，这些对硬件而言实际上是同样的运算，但是对于巴贝奇构想的通用计算，他想要更多的运算。他随后实现了可进行加、减、乘、除 4 项基本运算的套件，亦即我们对现代 CPU 所预期的。

处理器与内存分开。分析机中的数据被放在现在我们称为内存的部件中，巴贝奇称之为"存储"，至少它从概念上与中央处理单元区分开了，他称后者为"工厂"。

打印。巴贝奇对打印差分机的结果做出了规定，甚至设想了批量打印制版。手工计算表中将不可避免地混入错误，而无误差打印对巴贝奇来说很重要。他甚至设计了一台曲线绘制装置。这些就是我们现今所说的外围设备，它们甚至能根据先前计算结果的穿孔卡离线运行。

效率与计算速度。巴贝奇对他的算术运算所花费的时间予以重点关注，与现代复杂性理论家的精神很像。这里列举一个他对速度关注的重要例子：为了把进位可能增加的加法运算的时间减到最小程度，他进行了很多思考。例如，用巴贝奇打算采用的最直接的方法，把 1 加到 999…9 需要每 50 位向左进位。他最终实现了一种他称为"预测进位"的方法，规避了这个倒下的多米诺骨牌效应（称为行波进位），早于当代超前进位加法器专利长达 120 年。

科利尔提到了巴贝奇的其他一些具有非凡预见性的、精心设计的机器改良方案：在外部存储中设置预计算表，对输出设计可编程的格式；自动侦错并让机器响铃——"由一个大钟来告诉助手他犯错了"。人们不禁想知道巴贝奇头脑中该有一个多么伟大的钟啊！

9.8　奥古斯塔·阿达·拜伦，洛芙莱斯伯爵夫人

尽管巴贝奇头脑中洋溢着热情，以及他的众多的突破，但是他的工作在他自己的国家正越来越被忽视。鉴于他想象力的非凡跨度，几乎没有人理解他的用意，但这一点是可理解的，并且在没有机器工作模型的情况下，他越来越被他的同胞忽略。但是他确实听取了他的意大利朋友乔瓦尼·普拉纳的建议，后者在 1840 年邀请他在都灵举行的一个意大利著名科学家会议上报告他的想法。

都灵会议上巴贝奇取得了成功，来自意大利顶级科学家的普遍反应是热情洋溢的。最重要的是梅纳布雷亚听了他演讲的内容，因为梅纳布雷亚 1842 年在一份瑞士杂志上发表了一篇关于巴贝奇分析机的论文。梅纳布雷亚的论文用法语写成，并且如果不是因为该论文我们现在也不太了解阿达·洛芙莱斯，或者也许甚至查尔斯·巴贝奇他自己也不太了解。

阿达·洛芙莱斯是拜伦勋爵的女儿，是一位聪慧的、具有数学天分的、自信的年轻女子——在维多利亚时代的英国，各方面对她而言可谓是艰难的。她在仅 17 岁时遇到巴贝奇。不久后，当她在一次社交晚会上看到巴贝奇的差分机工作部件的样品时，她就被吸引住了，并成为他的朋友和支持者。阿达·洛芙莱斯及其与巴贝奇连同他的机器之间的关系的全部故事既令人鼓舞，在某种程度上亦让人感伤。这会使我们分心，偏离我们理想的离散机器构建之路，因此我们仍聚焦于她的核心贡献。

著名的科学家和发明家查尔斯·惠斯通提议阿达·洛芙莱斯翻译梅纳布雷亚的论文，而她以无与伦比的方式完成了翻译，并附注翔实的注解（如她所言），比原文本身还长。也许是因为首个计算机程序出现在其中，她的注解很有名，该程序计算了所谓的伯努利数。

洛芙莱斯与巴贝奇就她对梅纳布雷亚论文的注解密切合作，而至于多少数学和编程的内容是她原创的，多少是巴贝奇的贡献，我们且留给历史学家去研究吧。但是她对梅纳布雷亚译文的注解是迄今为止我们能获得的关于巴贝奇分析机的构想最全面、最清晰的阐述，我们非常感激阿达·洛芙莱斯，正是她的工作使巴贝奇分析机的构想得以公开发表。

9.9 图灵的抽象

1843 年，你拥有了现代计算机：雅卡尔的存储程序，巴贝奇的分析机。在阿兰·图灵用适当的抽象方法对此予以阐述之前，大约过了一个世纪。随后在战争年代技术的进步实现了计算机理想，到 20 世纪 40 年代，数字计算机的"繁荣"就已经开始出现了。

回首这多姿多彩的一个半世纪，有人会觉得很简单，就是把部件组装在一起。图灵却想研究关于机器能做什么的问题。把你自己置于他的境地，你会怎样做？你怎样构建一台理想的机器，它一方面尽可能越简单越好，另一方面也能完成数字计算机可以完成的所有重要事项。

首先考虑输入数据。鉴于我们前文已对不论是离散形式还是二进制形式保存信息的益处有过讨论，让我们就坚持用 0 和 1 好了。没有比用直线方式排列二进制数据更简单的方式了。让我们用一个纸带，设想其被分成小的方格，每个包含着或者是 0 或者是 1。纸带有多长呢？这里我们能按自己的意愿制作纸带，所以让我们使纸带按我们的需要向左、向右延展。

如果你预先看一下图 9.2 中已完成的、假想的机器的图片，你就能看到底部双向无限的纸带。我们决定把程序从机器的其他部分分离出来，在它自己的框内标以"控件"。控件必须能够获取数据，这意味着可以读取和改变它，这一点用控件（程序）框和纸带上的数据之间的箭头表示。根据设想，我们选取最简单的可能配置：在任何给定时刻，控件可读取纸带上特定方格的内容（0 或 1），且仅能改变该方格的内容。和老式的磁带录音机或更现代的磁盘类似，我们想象了一个定位于纸带上特定方格位置的读写头。

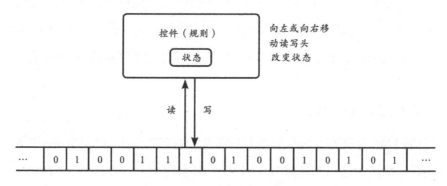

图 9.2　图灵机原理的抽象描述。

剩下的就是决定控制单元如何工作。我们没有过多的选择：将是有限的规则列表，每条规则描述了读写头读取 0 时会发生什么，以及它读取 1 时发生什么。我们需要改变读写头扫描过的位吗？随后我们会向右或向左移动读写头吗？

此刻我们似乎遇到了障碍。规则看起来像这样：如果读写头正在读取 0，要么改变它为 1，要么别管它；接着在纸带上要么向左要么向右移动读写头。控件框中仅有两条规则，它们取决于读写头是否读取 0 或者 1，而当你考虑了对称变化时，就不再有很多可能性了。一些规则使纸带一直在一个方向上移动，另一些规则使纸带保持不变，但是它们都未产生很有趣的可能性。

我们需要一个新想法，迄今为止人们所提出模型的无力感可精确追溯至巴贝奇 1843 年的观点：对于既定点的预期计算结果将取决于既往的计算结果。确实，模型纸带上的一些位值发生了变化，并可能影响未来阶段，但是这种依赖性非常有限，对于制造一个强大的机器毫无价值。解决问题的方式不止一种，图灵选择了采用状态的想法。

跟着图灵一起，我们假定在任何时刻机器都处于有限个预先给定的状态之一。那么规则就不仅取决于读写头是否在读取 0 或者 1，而且取决于机器当前的状态。然后规则不仅规定了是否改变被读取的位、是否向左或向右移动，而且规定了在当前步完成后变为什么状态。图 9.2 展示了控制框中存储的机器状态。

状态的增加具有奇异的效果，使得图灵机在理论上与我们知道如何研发的任何计算机一样强大。第 10 章对此将有更翔实的讨论。

我说过，增加状态不是制造与当今机器，或者任何我们能想象研发出的机器不相上下的计算机模型的唯一方式。状态的重要性在于，它允许机器的演变取决于过去的计算。或者，我们也能通过允许读写头一次读取不止一个方格实现这一点。相应的机器被称为元胞自动机，比如恰当的规则是读写头一次仅读取 3 个方格，众所周知，它们能进行图灵机能完成的任何计算。对元胞自动机的研究至少可追溯至冯·诺依曼，他研究了自复制。我们既没必要也没有时间在此讨论它们，但对我们来说关于元胞自动机的最重要事实是，恰好这一令人感兴趣的机器具有和图灵机同样的计算能力——它们是本章创建机器道路上换个角度思考的结果，但这条路实际上引向同样的目的地。有时候我喜欢把它们视为隐图灵机，但是我们同样也将图灵机视为隐元胞自动机。

　　这就涉及我们关于雅卡尔的存储程序和巴贝奇的分析机的讨论的重点：图灵机刻画的计算能力的定义，涵盖了所有的数字计算机，甚至也许涵盖了所有的计算机。我认为该说法是一个挑战，是一个对用于解决问题的计算学科以及接下来两章的邀约。

第 10 章 内在困难

10.1 稳健性

现在，我们关注计算机如何快速解决各种各样的问题。许多理论计算机科学家致力于这一领域的研究，称为计算复杂性研究。研究这类问题的最初挑战是分析复杂性问题的要点，而不是陷入细节。有许多不同类型的数字计算机、多种计算机语言，以及众多算法程序可以对给定问题进行编码，用以解决该问题。我们如何着手提出具有普遍意义的问题呢？从 1936 年到 1971 年，理论计算机科学家花了 35 年才触及这个问题的核心。

在这个领域，有两篇杰出且有影响力的论文，即阿兰·图灵在 1936 年发表的《论可计算数及其在判定问题上的应用》和斯蒂芬·库克在 1971 年发表的《定理证明过程的复杂性》。我把这两篇论文之间的时间标记为复杂性理论的孕育期。如前文所述，解决一般性问题和许多其他科学问题所面临的挑战，主要是获得广泛适用的结果，避免陷入细节。例如，我们不想花费大量时间来证明某个特定问题可以在安装了 Windows 操作系统的计算机上快速解决，但在安装了 iOS 操作系统的计算机上仍是难题。同样的原因，我们也不想花很多时间去证明，在完全没有告诉我们轮船的时间表的情况下，如何找到送货卡车的时间表。我们需要的是一种定义计算机的方法，该方法应具有稳健性（又称鲁棒性），适用于我们可能使用的任何类型的计算机，并在实践中能区分简单问题和困难问题。图灵在 1936 年发表的论文中，以一种精确而富有成效的方式定义了计算机。库克在 1971 年发表的论文中，提出了一个"简单"问题的可行定义，并给出一种从细节中提取重要抽象概念的大视角。

10.2 多项式与指数二分法

研究计算机解决问题所需时间的框架已相对标准化。我们假设某个问题的每个实例都带有一个匹配其大小的数字，该数字大致告诉我们给定实例的大小。更准确地说，问题实例的大小是记录指定输入数据所需的符号数。然后，我们研究给定的算法用于解决该问题实例所需的步骤。通常，我们重点关注大型实例的计算时间，忽略小型实例的计算时间，将注意力主要集中在实例变大后运算量的变化。此时所需的运算时间称为算法的时间复杂度。

例如，假设我们要对列表上的名字按照字母顺序排序，这种排序问题的一个实例是一个名称列表，我们可以将一个实例的大小简单地看作列表中名字的数量。再比如，如果我们想研究在第 8 章中讨论的斯坦纳问题的算法，我们可以把城镇数量看作实例的大小。在这两个例子中，常见而合理的假设是，名字或者城镇位置所表示的每个数据项，适合固定数量的存储位置，将实例的大小视为数据项数量是合理的。

正如你可能知道或想象的那样，排序是一个简单、基本而又常见的问题，它是计算机科学入门课程传统的关注对象。最简单直接的排序算法，所需的运算量与问题规模的二次方成正比。但是，更优算法的运算量和问题规模与其对数函数的乘积成正比。然而，斯坦纳问题则不同，其常见的算法都需要与问题规模呈指数级关系的运算量。

图灵和库克对算法稳健性研究的关键在于，稳健性与摩尔定律的指数级规则相关联。我们可以将其作为指导原则：时间复杂度随着运算量呈多项式关系增长是可行的且是可接受的，而应避免呈指数级增长。注意，指数级增长意味着运算量的海量增长。呈多项式关系的增长速率性质更为温和。当一个算法的运行时间与问题规模呈多项式关系时，称该算法时间复杂度为线性阶；当算法的运行时间与问题规模呈指数级关系时，称该算法时间复杂度为指数阶。

回到上面用专业术语举例说明的两个问题：多项式时间复杂度的排

序方法有多种，但对斯坦纳问题还没有找到多项式时间复杂度的排序算法。此外，我们有充分的理由相信不存在解决斯坦纳问题的多项式时间复杂度的排序算法,这方面的解释是本章后续部分的主题。在实际意义上，按照现在的说法，排序很容易，但解决斯坦纳问题很难。

本节标题"多项式与指数二分法"只是用来表示"容易"和"困难"问题的示例。例如，我们没有说过应该使用什么单位来测量时间，几个世纪、几微秒还是机器循环周期？不过这个差异只是线性的比例因子，如果我们将时间按常数重新缩放，多项式运算量仍是多项式运算量。这与我们使用哪种计算机有关系吗？图灵在他想证明与计算机有关的定理时，就已经精确地定义了他的计算机，但我们没有在图灵的计算机上运行我们的程序。我们如何从图灵机理论中得出有关日常计算需求的结论？此外，多项式与指数二分法还告诉我们：算法的计算机时间需求，与它在任何合理类型计算机上的运行时间呈多项式关系。二分法体现了多项式和指数运算量之间的巨大差异。

10.3　图灵等价

为了进一步解释使用多项式与指数二分法比较运算量的方法，我们需要讨论一台机器模拟另一台机器意味着什么。这是一个简单但重要的概念：在相同的输入条件下，如果两台机器运行产生相同的输出，则认为两者的能力是等价的，其中一台机器可以模拟另一台机器。虽然一台机器可能比另一台机器运算速度快得多，并且内部工作原理可能完全不同，但我们只关注这两台机器的输入和输出是否相同。

举一个例子，考虑一台普通的台式机运行某种语言编写的程序，不管是哪种编程语言，只要给定一定的输入，就可以产生一定的输出。根据图灵等价，该台式机当然可以模拟图灵机。实际上，在任何给定时间，都有许多这样的等价模拟器在线可用。而另一方面，是否有图灵机可以等价模拟该台式机？这里无须赘述，但人们只要有一点经验，设计出能够执行该台式机语言的图灵机并不困难。除了作为练习外,这样的等价模拟意义不大,但毫无疑问,这总是可以做到的。

这样我们可知典型的通用台式机和图灵机可以相互模拟。在这种情况下,就说这些机器是相互等价的。如果一台机器等价于图灵机,我们称其图灵等价。因此,我们认为普通台式机是图灵等价的。但我们没有说模拟的效率如何。例如,可以用图灵机模拟一台机器,但只能使用指数时间。然而我们更感兴趣的是,涉及机器的等价性模拟是多项式时间的情况。也就是说,一台机器的执行时间与另一台机器的运算时间呈多项式关系。如果这是真的,我们说机器是多项式等价的。结果表明,图灵机可以编程来模拟任何普通台式机,而运行时间只是多项式关系,反之亦然。在这种情况下,我们说台式机是多项式图灵等价的。智能手机、笔记本电脑、洗碗机和汽车中的芯片,都相当于图灵等价。任何常见的"数字"设备,都可以在多项式时间内模拟图灵机,反之亦然。

这里出现一个关键问题:包括第 9 章讨论的模拟计算机在内,所有计算机是否都是多项式图灵等价的?这个问题第 11 章再讨论,这里暂时只考虑数字计算机。

在图灵机上模拟台式机是相当低效的操作,图灵机针对每个问题要执行的步骤数是台式机对该问题执行步骤数的二次方。这很容易理解。例如,图灵机可能必须在其内存中循环运行以模拟获取数据。运行初期,这种影响是显著的。毕竟,二次方的计算时间意味着 100 秒变为 10000 秒。但是多项式的二次方仍然是多项式,由于类似的原因,我们始终可以使用图灵机模拟台式机,同时保留时间复杂度为多项式的算法。对我们的运算和分析而言,重要的是保持多项式二分法的运算量级。

在这一点上,有必要再次强调多项式和指数增长率之间的定性差异。人们往往认为前者是良性的,而后者可能使人们想到"砖墙"这个词。把这个词与摩尔定律联系起来,即芯片上的晶体管变得非常小,以至于我们在短短几年内就会达到严格的物理极限。据我们所知,晶体管总不能比电子还小。每 2~3 年（或者 10 年），芯片上的晶体管密度加倍指数定律意味着我们终将碰上物理学的瓶颈。

让我们通过算术运算了解一下指数增长率对于程序的运行时间意味着什么。如果对有 N 个名称的列表进行排序需要 $N^2/100$ 秒，则对有 10 个名称的列表进行排序就需要 1 秒。当排序名称数量增加 10 倍，即对 100 个名称进行排序，却只需要花 100 秒，这段等待时间甚至都无法去冲泡一杯茶。

反之，为了便于与上面第一个排序程序相比，第二个排序程序对 10 个名称进行排序也需要 1 秒，程序的运行时间是指数时间，假设定义为 $2^N/1000$，这里 $2^{10}/1000$ 约为 1 秒。那么对第二个排序程序而言，对 100 个名称进行排序则大约需要 **40196936841331475187** 年，这段时间对泡多大规模的茶都足够了。这说明了为什么要重视多项式与指数二分法：多项式时间算法和指数时间算法的运算量差异如此之大，以至于在分析算法时可以忽略其中的小项，但要注意多项式算法为有效时间提供了直观上的证据，以及指数算法增长速度的违反直觉的特性。

10.4　两个重要问题

现在考虑两个非常重要的问题，它们都是深入研究计算复杂性时不可避免的问题。为了确切解释这些问题，我们要利用在第 3 章中讨论逻辑门时已经使用过的内容，在下面的两段中进行阐述。使用形式化可以更好地描述与理解库克的理论，该理论是计算机科学的核心。

回想在第 3 章中讨论信号标准化时，我们可以用"真"或者"假"来表示和处理离散信号。逻辑门接收输入信号并产生输出信号（同样也用"真"或者"假"来表示）。此外，我们还讨论了非门、与门和或门。使用这些逻辑表达式及计算公式，需要考虑两方面问题：即对于变量 a, b, c, …的取值，以及非门、与门和或门的基本运算。

例如，一个典型的逻辑表达式表示为 $Q = (a$ 或 $b)$ 与 $(b$ 或 $c)$，这意味着 a 为"真"，或者 b 为"真"，并且 b 和 c 有一个为"真"。

对于非门，为方便表达通常在变量上加一个横线，如 $\bar{x}$。例如，若 x 为"真"，则 $\bar{x}$ 为"假"，反之亦然。

考虑命题公式的标准化描述，对若干个互不相同的析取项的合，可以用合取范式（Conjunctive Normal Form，CNF）来表达，解决命题公式的逻辑判断问题。当每个表达式中有两个变量并且子句都进行"与"运算时，则称该式为 2–合取范式；当每个表达式中有 3 个变量且都是"与"运算时，则称该式为 3–合取范式。例如，$R =$（a 或 b 或 c）与（$\bar{b}$ 或 c 或 $\bar{d}$）是一个 3–合取范式。

现在我们展开来说本节标题提到的两个问题，一个是著名的，另一个则是"声名狼藉"的。给定合取范式的输入公式，两个问题都被视为是/否的问题。

- 2–可满足性（2-SAT）：对于任意给定的 2–合取范式，我们能否为变量 $a, b, c, \cdots$ 选择"真"或"假"的值，使给定范式为真？

- 3–可满足性（3-SAT）：对于任意给定的 3–合取范式，我们能否为变量 $a, b, c, \cdots$ 选择"真"或"假"的值，使给定范式为真？

上述这两个问题看起来几乎相同，但这背后有很强的欺骗性。第一个问题类似于前文提到的排序问题，因为有一种算法可以在输入公式长度的多项式时间内解决该问题。在标准术语中，我们说 2–可满足性可以在多项式时间内求解。而第二个问题却是不同的，类似斯坦纳问题。多年来，许多研究人员一直在试图为 3–可满足性找到多项式时间算法，但均未成功。另一方面，还应记住的是，至今也没有人能真正证明 3–可满足性没有多项式时间算法。从这种意义上说，我们似乎仍然不了解该问题的固有难度。但是基于一些有趣的想法，实际的知识更为微妙和有用。

10.5 容易检查的证书（NP）的问题

注意 10.4 节提到的两个问题，2–可满足性和 3–可满足性都具有一个非常方便的属性，即如果声称某个特定实例具有令人满意的分配（一个"是"实例），那么有一种方法可以迅速证明：可以生成这样的赋值，并且可以在多项式时间内进行验证。实例中变量赋值为"真""假"值，并验证每个命题是否为"真"。这只需要遍历实例一次，因此仅需要多项式时间。可以在多项式时间内检查的"是"实例，符号列表称为证书，有时也称为简洁证书。当然，证书只能是多项式长度，否则仅读取它所需的时间就要超过多项式时间。

有了这个想法，我们现在可以定义一类非常重要的问题，称为 NP 问题。这类问题对于每个"是"实例都有容易验证（多项式时间内）的检查证书。2– 可满足性和 3– 可满足性都属于 NP 问题，正如上面指出的，这两个问题都可以容易地验证"是"实例的"真""假"值列表。NP 问题是一类非常大的问题，几乎包括所有你能想到的是 / 否问题，包括简单和困难的问题。

我们还将 P 问题（对于多项式）定义为一类非常自然和重要的问题，这些问题可以在多项式时间内求解。不难看出 P 中的每个问题也属于 NP 问题：对于一个 P 问题，只需运行机器来求解是 / 否问题即可。然后，该运行的记录可以作为对应实例的证书，它只能是多项式长度，因为解决 P 问题的机器只需要执行多项式长度的步数。图 10.1 显示了绝对已知的事实：P 问题属于 NP 问题，2– 可满足性和 3– 可满足性问题都是 NP 问题的实例，而 2– 可满足性问题也是 P 问题的实例。

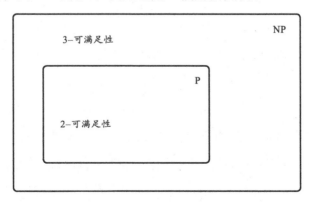

图 10.1　P 问题属于 NP 问题，P 问题与 NP 问题是否真的不同目前人们仍无法确切回答。

10.6　将一个问题简化为另一个问题

总结一下，我们对某些看起来本质上难以解决的问题，以及另一些易于解决的问题有了一定的理解。遗憾的是，这些关于数字计算机计算能力的秘密尚未被完全理解，甚至可能永远不会被理解。但我们所了解的可以追溯到本章开始提到的图灵和库克的贡献。我们需要的终极机器，是能实现将一个问题简化为另一个问题这种卓有成效的想法的机器，库克在 1971 年发表的论文中对这种想法进行了探讨。

举一个具体的通过简化而说明的例子。考虑旅行商问题（Traveling Salesman Problem，TSP）和汉密尔顿回路问题（Hamilton Circuit Problem，HCP）这两个非常著名且重要的问题。一般的旅行商问题，要求为假设的旅行推销员选择最有效的路线。更精确地说，给定一系列城市和每两个城市之间的距离，求解从推销员的住所城市开始，访问每一座城市一次并回到起始城市的最短回路距离。这一数学问题困扰了数学家和计算机科学家至少 80 年。

除了作为著名的数学难题外，旅行商问题还具有重要的实际意义。例如，选择在电路板上钻孔的顺序：装配线上由计算机控制的钻孔机必须访问分配给它的所有钻孔，并返回下一块电路板的起点。此外，通过望远镜观测天空中的给定位置时，也会遇到同样的顺序问题。随着城市数量的增加，计算的困难性很快就暴露了出来。例如，当城市间距离较近时，路线计算量极可能面临指数倍的增加。为了很好地说明问题的严重性，宝洁公司在 1962 年举办了一场旅行商问题竞赛，并为最佳解决方案提供 10000 美元的奖金，而在此竞赛中也只涉及相对较小数量的 33 个城市。

上面提到了另一个问题，即汉密尔顿回路问题，年代更为久远，求解过程也同样令人沮丧。该问题没有给出每两个城市之间的两两距离，而是考虑某些城市之间通过道路相连，而非所有城市之间都相连的另一种应用情况，希望回答类似的问题：在这个有多个城市的地图网络中，寻找一条从给定的起点到给定的终点且沿途恰好经过所有其他城市一次的路径。

旅行商问题和汉密尔顿回路问题似乎有着密切的关系。实际上，这两个问题在以下精确意义上是相关的：如果有一个求解旅行商问题的算法，那么我们可以使用该算法来求解汉密尔顿回路问题。为了证明这一点，假设有一个希望解决的汉密尔顿回路问题的实例，构造一个旅行商问题的实例，其中汉密尔顿回路中相互连接的两个城市的距离设为 0，而未连接的两个城市的距离设为 1。这样，最终旅行商问题的最小距离的总长度为 0，算法将使用的所有连接长度也都必须为 0，当然这也与存在的道路有关。

如果旅行商问题的最小距离的总长度大于 0，因为缺少一条路径数据，这种情况下，当我们能够通过求解旅行商问题来求解汉密尔顿回路问题时，我们说汉密尔顿回路问题可以简化为旅行商问题。我们始终认为归约的构造在多项式时间方面是有效的，就像在这种简单方法中那样。

如果 A 问题简化为 B 问题，意味着如果已知可以在多项式时间内对 B 问题求解，则相应也可以在多项式时间内对 A 问题求解。换言之，如果 A 问题简化为 B 问题，则 B 问题至少和 A 问题的求解难度相当。利用这种简化方式，从一个问题开始创建简化链，以表明其他许多问题至少和开始时的问题求解难度相当。如果第一次接触这种处理方式，你可能会感到困惑，因为我们对简化方法的直观认识是，如果把一个问题简化成另一个容易的问题，解决后者至少不应比解决前者更难，即如果将 A 问题简化为 B 问题，则表明求解 A 问题至少和求解 B 问题一样容易。将逻辑反过来表示，即如果将 A 问题简化为 B 问题，则表明求解 B 问题至少和求解 A 问题一样难。

10.7　是／否问题

上文已提到 2- 可满足性、3- 可满足性，以及汉密尔顿回路问题等几个问题的详细说明，简单起见，这几个问题都假设为是／否问题。虽然旅行商问题是要求总距离最小，但对这类复杂性问题，实际求解时也常常利用是 / 否问题的求解方法。在旅行商问题中，首先询问是否存在总距离不超过某数目的路线，即求出问题解的上、下界；然后逐次细化来缩小范围，通过当前得到的界限值排除一些次优解；接着计算其成本（或距离），如果成本降低（或距离缩短），则取代之，直到无法改善为止；最终获得最优解方案。重要的是只使用假设是 / 否的算法，进行多项式次数的启发式计算。因此，一个有效的是 / 否算法就是旅行商问题的一个求解实例。此外，多项式与指数二分法极大地简化了算法研究的工作，在保证不超过误差范围的情况下，将算法的应用范围扩展到了其他许多领域。

10.8　库克定理：3- 可满足性问题是 NP 完全问题

现在我们对库克定理的惊奇结论及其产生的深远影响都有了深入理解，并证明了 NP 问题中的每个问题都可以简化为 3- 可满足性问题。

该证明利用了可以通过两种方式查看 3- 可满足性问题的特征。首先判断是否可以在给定的 3- 合取范式中找到使表达式为真的对应变量的"真 / 假"值。在这种情况下，只需要将 3- 可满足性问题的实例视为抽象问题。但是，可以通过进一步为变量赋值，将 3- 合取范式解释为关于所关注问题目标的陈述。

现在以 NP 问题中的任意某问题 A 为例。对于 NP 问题中每个"是"实例都有一个证书，该证书可以通过运行正常的图灵机来验证。事实证明，从问题 A 的实例出发，可以构造一个 3- 可满足性实例，它精确地表达为以下语句：针对问题 A 的实例存在一个证书，该证书可以由运行正常的图灵机来验证。表达式中变量的"真 / 假"值与位列表的证书相对应。构造的证书中的变量具有如下解释，例如：在时间 10 处，图灵机存储器的第 97 个位置正在使用，并正在执行第 42 条指令。可满足性表达式将表示诸如"图灵机存储器中的每个位置都包含有且只有一个允许的符号"

等内容。

显然，为任何给定实例构造的表达式，都将使用许多变量和子句（它们之间通过"与"关系联系在一起），但本质上，对于问题 A 的实例只是多项式长度。此外，当且仅当存在证明该实例为问题 A 的"是"实例证书时，构造的表达式才能对其变量的"真 / 假"值有令人满意的选择，即问题 A 简化为 3– 可满足性问题。因此，如果这是一本数学书，并且详细说明了此证明，我们就有权说"QED"。

这种简化处理带来的直接结果是，如果能有效地解决 3– 可满足性问题，那么就可以有效地解决 NP 问题中的所有问题。这可以用 3– 可满足性与 NP 问题中的任一问题的解决难度一样来表达。NP 问题中具有此属性的问题称为 NP 完全问题，可以用简洁的方式描述库克定理：3– 可满足性问题是 NP 完全问题。NP 完全性的概念非常重要，主要是由于下面的原因。假设可以找到一种有效的（即在多项式时间内）解决例如问题 X 的 NP 完全问题的方法，而由于 NP 问题中每个问题都可以简化为问题 X，那么就可以有效地解决 NP 问题中的任何问题。

这一结果值得深思，它也是理论计算机科学中最重要的思想。非正式地重申一遍：因为任何 NP 完全问题都与 NP 问题中的任何问题一样难，故解决 NP 完全问题就可以解决所有 NP 问题。较为正式的说法是，NP 问题中的任何问题都在 P 问题中，表明所有 NP 问题都在 P 问题中，因此 P = NP。换言之，如果找到有效解决任意一个 NP 完全问题的方法，就意味着如果能够简单地找到一个问题的解决方法，也就可以相应得到解决所有问题的方法。这就是 1971 年库克发表论文时，人们对 NP 问题的认识，即只知道 3– 可满足性这一个 NP 完全问题的求解方式，但这种认识在后来迅速而戏剧性地发生了改变。

10.9　数千个 NP 完全问题

在库克发表定理并引入 NP 完全性概念的第二年，卡尔普发表了一篇轰动性的论文。他指出，除了 3– 可满足性问题，还有许多有趣的经典问题都是 NP 完全问题。

　　卡尔普采用了以下观察方法。假设我们可以将 3– 可满足性问题简化为 NP 问题中的另一个问题 X，那么所有简化为 3– 可满足性的 NP 问题也都可以简化为 $X - a$ 多项式，那么问题 X 也是 NP 完全问题。这意味着可以从已知的 NP 完全问题（例如 3– 可满足性问题）出发，将该问题简化为问题 X（表明问题 X 是 NP 完全问题），然后将问题 X 简化为问题 Y（表明问题 Y 是 NP 完全问题）等，产生一个 NP 完全问题简化序列。直观地说，如果解决问题 X 和解决 3– 可满足性问题一样困难，则问题 Y 至少和问题 X 难度相当，问题 Y 必须至少和 3– 可满足性问题难度相当，由此得出所有 NP 问题难度相当。我们也可以通过将这些问题中的任何一个简化为两个或多个其他 NP 完全问题来分支处理，产生所谓的 NP 完全问题树。库克定理为这个过程提供了思路和途径，如果没有该定理，将无法执行这种处理算法，如图 10.2 所示。

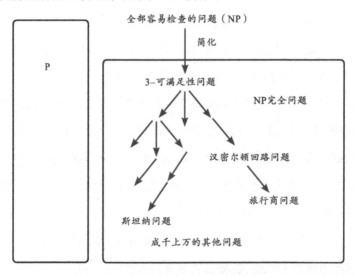

图 10.2　如何定义 NP 完全问题和如何证明 NP 完全性的说明。NP 问题中的任何问题都可以简化为 3– 可满足性问题，即库克定理。一个简化树产生成千上万个现在已知的 NP 完全问题。"容易"问题在 P 中，如果任意一个 NP 完全问题在 P 中，则对于这些问题 P = NP。需要重申的是，这一结论尚未被确切证明。

卡尔普在 1972 年发表的论文中,从 3-可满足性问题的通用版本出发,通过一系列简化得出,有 21 个众所周知且看似棘手的问题都是 NP 完全问题。图 10.3 展示了他的简化树。他证明了第 9 章描述的斯坦纳问题以及汉密尔顿回路问题都是 NP 完全问题。在此基础上,后续学者又纷纷证明多个问题都是 NP 完全问题。到 1979 年,加里和约翰逊发表的论文中已梳理出几百个这种问题。到今天,更是有成千上万个问题被证明是 NP 完全问题。在任何领域都很少发生如此"美丽"的统一,而这在很大程度上取决于多项式与指数二分法。

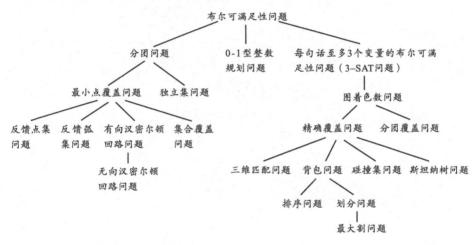

图 10.3 卡尔普的简化树,里面包括第 9 章描述的斯坦纳问题以及汉密尔顿回路问题。

这一思想的"力量"值得强调:如果这些 NP 完全问题中的任何一个问题都可以在多项式时间内解决,那么 NP 完全问题中的每个问题都能在多项式时间内解决,这意味着能解决所想到的几乎任何离散问题。解决这数千个问题中的任何一个都将意味着 P = NP,意味着产生轰动性成果。许多非常杰出的研究人员一直试图解决其中一些 NP 完全问题,这也反映了证明 P = NP 和 NP 完全问题是非常困难的。该理论能使我们尽可能地理解为什么某些问题比其他问题难得多。

到目前为止,虽然人们还没能真正证明 P ≠ NP,但几乎所有的计算机科学家都愿意相信这是真的。虽然多次理论上的证明没有成果，寻找 NP 完全问题有效解决方案的尝试也纷纷失败，但到目前为止，计算机科学理论家也给出了多种方式的侧面证明，只是这些证明各自有不同程度的细微错误和缺陷。P = NP 是基础而又令人困惑的问题，以至于它出现在了某些建筑物上，如图 10.4 所示。

图 10.4　普林斯顿大学计算机科学大楼的西墙上的砖块，展示了计算机科学中最重要的开放性问题。你能解码吗?

到目前为止，本书试着解释了为什么"计算"这个词在今天几乎意味着数字计算。当今世界已被数字技术占领，当人们谈到计算的极限时，通常意味着数字计算机的计算极限。但在 10.3 节以及第 8 章中提到了，模拟世界中可能隐藏着更多的计算能力，我们将在第 11 章专门讨论这种可能性。

第 11 章　寻找魔法

11.1　对 NP 完全问题的模拟攻击

理论计算机科学的理想化世界中的数字计算机仅有两类资源：时间和空间（存储）。大型及困难问题求解耗费的时间通常是首要关注的事宜。从理论观点来看，数字计算机的最简模型——图灵计算机，具有单一的读写头，其在存储介质（磁带）上一次只能移动一个位置，因此所用的存储空间不能超过所用的时间。就现今实际的计算机而言，半个世纪持续的硬件研发已使得内存非常便宜了。鉴于这些原因，当我们讨论数字计算机时，包括图灵机，我们最担心耗费计算机的时间。

在模拟计算机的情形下，许多其他事情会出错。例如，计算机可能耗费指数数量级的能量，它的质量或体积可能呈指数级地快速增长，一些部件可能因为过度的压力而失效，绝缘体可能由于过高的电压而被击穿，诸如此类。因而评估模拟计算机时，我们不仅要考虑计算的耗时，而且要考虑随着问题规模的增加，计算机耗用其他任何资源的可能性会变得不切实际的巨大：时间、空间、能源、质量、材料强度等。当我们评估一些特定的模拟计算机时要记住这些。

斯坦纳问题的肥皂膜解

重谈斯坦纳问题及其肥皂膜解时，我们回想起另一个能够"毁灭"模拟计算机的难题。正如我们在第 8 章中看到的，最初看起来我们能通过把一个线框简单地浸入肥皂溶液中求解 NP 完全的斯坦纳问题。而与该问题有关的某些事情却在反击。许多可能的构型可能是局域性的而不是全局性的事实毁掉了我们的想法。虽然问题正是我们所说的内在困难，但是该难度在于如何尽力使它自身用两个看上去不同的方式表现出来——一方面有许多局域解；另一方面又表现为 NP 完全问题，却非常神秘。你可能有这样的感觉，那就是上帝正试图告诉我们，不管我们设计出哪种"聪慧"的奇异装置，我们永远不会为斯坦纳问题找到一个高效解，以及任何其他 NP 完全问题的高效解。也许这是对存在一个起作用的基本物理定律的另一种说法吧，让我们接下来回到这个思路。

电子划分问题机

关于该现象的另一个例子，我们考虑另一个 NP 完全问题，称为划分问题。和通常一样，该问题的描述看似很简单：给你一列正整数，它们共计 N 个，你必须确定是否有可能把该集合分成两个子集，每个子集为 $N/2$ 个。例如，如果给你的集合为 {8, 3, 16, 9, 21, 12, 3}，答案就是否定的。

用模拟机求解划分问题的想法基于这样的事实：把信号相乘会生成新的频率，包含初始信号中所有可能的频率之和及频率之差。表述术语化能使我们更确切地理解。我们用术语正弦波来描述任何单个频率的单个正弦或余弦波，一个纯粹的音调。同样频率的正弦波的和或差也是该频率的正弦波，即使其中一个相对于其他进行了变换。如果我们现在把频率分别为 f_1 和 f_2 的两个正弦波相乘，我们将获得一个信号，它包含频率 f_1+f_2 和 f_1-f_2。该过程被称为频率混叠或外差，并被广泛用于几乎每台收音机或电视机中来调谐信号频率，确保广播电视能被更容易和准确地收听或收看。无线电业余爱好者非常了解该技术，并良好地运用于他们的发射和接收装置。

用更多的信号来继续讨论。把 3 个正弦信号相乘，就会生成频率 $f_1+f_2+f_3$、$f_1+f_2-f_3$、$f_1-f_2+f_3$ 以及 $f_1-f_2-f_3$。注意这里发生了什么：每次我们用附加的正弦信号乘一个正弦信号时，我们就使信号中的频率数翻倍，并且在任意点我们拥有了所使用的频率的所有可能的和与差。如果我们用例如划分问题中的整数那样的频率来做这件事，那么在所有得到的频率中，当且仅当我们用这样的方式加、减频率使得正和负的频率抵消时，我们会得到频率 0，而该情形恰好精确地对应于划分问题的例子。

　　正如在第 8 章中讨论的那样，传统的通用电子模拟计算机正是基于积分或平均运算的。这类计算机现在实际上已经被淘汰了，但是如果我们研制一个的话，我们能用它来求解划分问题。首先，生成给定频率的正弦信号是一件很容易的事情，可通过把两步积分的输出反馈至输入实现，这是生成正弦信号的非常标准的配置。这是行得通的，因为有如下数学事实：如果你积分正弦信号两次，你将得到它的积。并行该反馈循环强化了这一关系。其次，用我们需要的频率 f_1、f_2、f_3 等生成正弦信号也很容易，这可以通过用它自身乘初始的正弦信号来实现。我们可用一个特定的模拟乘法器来完成这项工作，但是用积分器进行乘法运算也是可行的。因此，我们能够把与划分问题输入数据对应的频率值的全部正弦信号相乘，产生一个我们称为 S 的输出波形，或者鉴于它是一个时变波形，亦可称为 $S(t)$。

　　如前文所述，我们要处理的特定划分实例的答案是，如果信号 $S(t)$ 包含频率 0，就是肯定的；如果不包含，就是否定的。频率 0 的正弦信号是特殊的，它是一个常数，而其他所有频率的正弦信号均是波动的。因此，频率 0 的正弦信号的均值将一直是某个常数，不是 0。但是，如果对任何其他频率的正弦信号的一个周期进行平均，或其他任何个数的周期进行平均，结果将为 0，因为上升和下降将抵消。因此，我们将能确定频率 0 是否会在 $S(t)$ 中出现，所以划分实例是否为肯定的，可以通过对它最低频率的某些周期进行平均，看看它的平均值是否是 0。图 11.1 中给出了该机器的示意图。

　　这个模拟机求解 NP 完全问题不会导致一些情况混乱吗？实际上，从直觉上就不难看出哪儿出错了。上面的表述提供了一个线索，当我们把生成的频率相乘时，我们得到了"我们利用的频率的所有可能的和与差"。因此，存在指数个数量的频率，它们相加后能产生一个指数级增大的信号，而正弦波的积绝不可能大于 1。实际上，数学理论表明我们每乘一个正弦信号就需要除 2，并以努力区分 0 及指数级小的某个值结束。因为世界上不可避免地存在噪声，这就需要对输出信号积分指数级长的时间。所以机器就遇到了两个古老的"敌人"：指数级增长和噪声。

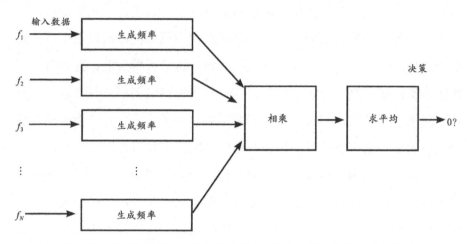

图 11.1 求解划分问题的模拟机。输入参数从左侧进入机器，接着生成相应的频率，并相乘。最后对结果求平均，如果值为 0，划分问题的答案就是否定的，反之就是肯定的。为什么这在实际中行不通？

3-SAT 问题齿轮机

鉴于阿纳斯塔西奥斯·维吉斯的贡献，我愿意把 NP 完全问题的第 3 个模拟攻击的例子视作阿纳斯塔西奥斯机械装置的"直系后裔"。它为求解 3-SAT 问题（每句话至多 3 个变量的布尔可满足性问题）而来，由齿轮机制构成，附加了光滑的凸轮，以及防止轴旋转时越过指定位置的限位器。该机器只需要多项式量的材料来建造。关于 3-SAT 实例中从句的信息，则通过齿轮间的联系被编码到机器的结构，并有一个具有摇把的特殊的轴。如果你转动摇把，它会移动的话，初始 3-SAT 实例的答案是肯定的；如果它不移动，答案就是否定的。

从一个特定的 3-SAT 出发到制成这样一个齿轮机的细节有点儿复杂，我们此处略过。但是我已给你足够的理由，指出若不看看机器应当如何工作的话，就非常值得怀疑可能哪里出错了。为什么类似这样的机械装置运用多项式资源不能解决 NP 完全问题的 3–SAT 问题？究竟什么地方错了呢？李的硕士论文致力于分析 3–SAT 问题机器，梅茵设计了一款传统的电子模拟计算机版的机器。我认为，说无论李还是梅茵都未能提供决定性的彻底"摧毁"的证据是对的，尽管他们的分析相当有说服力，且引述了多条声称机器有效运行的很合理的顾虑。实际上，正是反对的多样性让我停顿了下来。韦尔吉斯等人谨慎地未回答该问题。30 年后，我作为其中之一，仍不能确切知道 3–SAT 问题齿轮机哪儿出错了，但是，根据前述理由，现在我更确认它确实存在根本性的错误。

为了解决 NP 完全问题，人们又提出了许多其他的模拟机器，而我再一次推荐斯科特·阿伦森的评述，至少对技术上层次更高的读者而言是这样的。感兴趣的读者也可以把收集 NP 完全问题机器的其他建议并揭穿它们当成一项娱乐运动。例如，奥尔泰安设计了解决汉密尔顿路径问题（汉密尔顿回路问题的轻微变种，也是一个 NP 完全问题）的机器，它是建立在光线在光纤中传播的基础上的。更复杂和更具挑战性的一个例子是为解决特拉韦尔萨等人的论文中描述的子集之和问题（划分问题的变种，也是一个 NP 完全问题）而研发的机器。从论文的题目《运用多项式资源和集体态在多项式时间下模计算 NP 完全问题》来判断，作者们显然相信机器将会在越来越大规模问题的情况下工作。

11.2　缺失的定律

我们已经看到，各种基于众多不同物理原理的模拟机都不能解决 NP 完全问题，明显的是它们因为显然很不同的原因失败。求解斯坦纳问题的肥皂膜计算机失败了，是因为难以控制的大量局部极小值。求解划分问题的基于积分器的机器失败了，是因为噪声。求解 3–SAT 问题的齿轮机失败了，看上去是因为一些与有限的加工精度或通过齿轮的力传递相关联的机械困难。各种不同的实际困难持续存在于这些完全不同的机器中，这意味着有一个基本的物理定律在起作用。李指出，这种情形类似于永动机的长年的提案一样，后者今天会被立刻拒绝，因为它们将违反热力学第一或第二定律。如果某一天美国专利局自动拒绝求解 NP 完全问题的模拟机器的提案，拒绝信中将会援引哪个物理定律呢？

注意，我们寻找的基本定律不可能是 $P \neq NP$，因为毕竟那是一个数学猜想，不能直接说明物理世界的任何事情。为了明确指出定律，我们再一次转向我们的常驻物理学家理查德·费曼和阿兰·图灵，以及碰巧遇到的图灵论题的导师，阿隆佐·丘奇——这当然是一个著名的咨询委员会啊！

11.3　丘奇 – 图灵论题

图灵提出了一种简单且具体的假定机器的描述，我们现在自然而然地称之为图灵机，它是为了研究计算本质的一个基本问题而提出的。图灵对什么数能用机器写下来很感兴趣。复习一下：图灵机具有磁带形式的内存（只要它需要），一个从磁带读出和向磁带写下符号（从有限的字母表）的读写头，以及一个已存储的、固化的程序，该程序可查阅机器的状态，控制着读写头的读、写动作。他非常成功地"抓住"了步进计算的概念，其具有多项式的等价性，今天图灵机仍是理论家们认可的标志性的数字计算机。大约在同一时期，阿隆佐·丘奇提出了后来被证明是一个等价的计算机的定义，该定义运用了使用拉姆达算子（λ）符号的系统。

图灵和丘奇贡献中的相互关系，以及与其他人的关系，是非常复杂的，最好留给科学史学家们去探索。幸运的是，我们只需要一个简单（回想起来）的认识，亦即存在这样一个计算机器。图灵把"计算机"想象为一个人或遵循确定的、有限指令集的自动机，可用铅笔写下符号。在相关论文的第一段中他说："根据我的定义，如果一个数的十进制表达能被机器写下来，这个数就是可计算的。"非常有意思、也许是令人惊奇的是，存在不能这样被写下来的数。证明很容易，如果粗略地用一句话解释就是，利用全部图灵机（每一台机器都程序化，可写下一个数）一个接一个计数是可能的，但是不可能数清楚所有可能的数。

　　丘奇－图灵论题来自 20 世纪 30 年代逻辑学中的一项基础工作。它不是一个可被证明或证伪的数学表述，更确切地说，它是一个非正式表述的假定或假设。它是不可证明的，因为它是关于物理学的表述。论题使用了第 10 章给出的图灵等价性概念，并表述为"任何合理的计算机都是图灵等价的"。也就是说，任何合理的计算机都可以模拟一台图灵机，一台图灵机能模拟任何合理的计算机。姚期智用这种方式表述：丘奇－图灵论题是这样一种理念，亦即在标准的图灵机模型中，人们发现了计算性的最通用概念。

　　我们肯定能认为模拟计算机是合理的，就我们的中心主题而言，这一点再次带给我们模拟计算机和数字计算机的相对优点。最初，我们可能担心如下问题，亦即图灵机本质上是数字的，仅有允许的有限数量的符号能使用，而模拟计算机能涵盖连续量。就检测计算能力而言，这实际上不是问题。但是如果我们把模拟计算机视为一个对任何给定问题仅得出一个对 / 错答案的装置的话，我们能将任何模拟计算机与图灵机直接进行比较。丘奇－图灵论题比此表述要深入得多，并且多年来已为一小群哲学家提供了就业岗位。

11.4　扩展的丘奇－图灵论题

　　丘奇－图灵论题假定了能模拟任何计算机的图灵机或反之能模拟图灵机的计算机的存在，但是并没有谈及效率。20 世纪 70 年代，计算理论日益明朗，考虑了多项式与呈指数级增长的二分法，与此相应的升级版的丘奇－图灵论题现在被称为扩展的丘奇－图灵论题。据我所知，它的准确缘起相当不清晰，但是以自己解决问题而著称的理查德·费曼在他 1982 年的论文中公布了一版。

我设想的模拟规则是，模拟大型物理系统所需的计算机元器件的数量仅仅正比于物理系统的时空容量。我可不想激增……如果倍增时空容量意味着我需要一台呈指数级增长的更大的计算机，我认为那就会违背规则。

如韦尔吉斯等人的论文提出的那样，费曼可能想表达（或者应当表达了）"时空容量的多项式性"而不是"正比于"。那么运用第 10 章中的术语，扩展的丘奇 – 图灵论题的表述就变成：任何合理的计算机都是多项式时间图灵等价的。

通过限定模拟时间为多项式时间，扩展的丘奇 – 图灵论题允许我们就 NP 完全问题谈论一些非常有意思的事情。假定我们能构建一台模拟计算机，它实际上能在多项式时间内求解 NP 完全问题。那么，根据扩展的丘奇 – 图灵论题，那台模拟计算机就能用一台图灵机在多项式时间内进行模拟，然后那台图灵机将能在多项式时间内求解一个 NP 完全问题（因此也能求解所有 NP 完全问题）。它意味着 P = NP，就这点而言，在大多数计算机科学家看来它是错误的。在该推理链中我们必须放弃一些东西，而共识就是，依据对 P ≠ NP 非常有力的证据，加上不那么有力的扩展的丘奇 – 图灵论题的证据，不存在能有效地求解 NP 完全问题的模拟计算机。看上去我们陷入了一个僵局，试图用模拟计算机有效地求解 NP 完全问题看来是徒劳的。

但是，我们并没有陷入绝对的死胡同。上述同一篇费曼的论文开辟了探索的新大道。

11.5　局域性：从爱因斯坦到贝尔

记得在第 8 章一开始，我们在模拟计算机的讨论中排除了量子力学。如果现在我们考虑量子力学机器，所有的赌注就都输掉了。我们现在大致概述一下费曼论文的观点——那篇论文因被视为引燃量子计算领域的火花而变得很有名。它最初是一个会议的主旨报告，大家只要有一点儿知识背景就能轻松读懂。

费曼就是否存在一台能模拟特定量子力学实验的、经典的、非量子计算机问题发表了演讲。他对计算机的性能提出了一些要求，其中两个对我们至关重要。第一，他希望计算机具有做出随机决定的能力，这是一个我们迄今为止未考虑的特征。他在尽力模拟的量子力学，从本质上说是概率性的。也就是说，一般而言，实验的结果是不可以先前决定的，而是根据理论给出的概率从一系列可能的结果中随机选取的。这是量子力学的一个特征，是令阿尔伯特·爱因斯坦非常不安的一个特征，爱因斯坦常被引述说过"上帝不会掷骰子"。就思考用计算机模拟量子力学而言，费曼扭转了局势，他要求他的模拟计算机可被允许掷硬币。概率版的图灵机实际上成了人们普遍接受的、计算机科学家认为的标准（非量子力学）计算机的模型，亦即你口袋中或桌面上的真实的和实际的计算机。概率版的图灵机没有什么可怀疑的，并且允许它出现在我们扩展的丘奇-图灵论题的表述中已被认为可完美接受。我们可能会用伪随机源在实际的计算机中构建随机性特征，该伪随机源将通过一些非常复杂和不可测的程序生成，或者对于纯粹主义者，使用真正的随机源，而它将最终顺理成章地从像原子核放射性衰变一样的量子力学过程中推导出来。让我们使假定的计算机掷硬币。

费曼对他的计算机提出的第二个重要的要求则是问题的核心。他坚持他的计算机局域互联。用他的话说，"我不喜欢以任意联系贯穿整个事情的方式思考一台非常巨大的计算机"。他是说在模拟一个点上的物理位置时，计算机仅能利用邻近该点的可用的信息。注意，这不是我们可以应用到图灵机的一个限制，图灵机能存储我们所需的任何信息。费曼沿着他自己的道路前进，并利用这个构想来代表对他来说是合理的计算机，提出了最振奋人心的建议。

费曼的局域互联的计算机模拟量子力学构想失败了，而根据贝尔的论文，费曼的结论实际上是贝尔定理的著名结论的一个版本。贝尔定理创建了一个不等式，被称为贝尔不等式，对任何仅利用当地可用信息的计算来说都必须遵循。接下来，假想实验表明量子力学违反了贝尔不等式，因此证明了局域互联的计算机不可能模拟量子力学。

费曼使用的特定的假想实验运用了光子和方解石晶体，但是仍有其他许多也能良好工作的系统。在图 11.2 中我们从一个原子同时向相反方向发射两个光子开始。这是可能发生的，例如，氢原子放出能量时。光子有一个偏振态，可被显示为垂直于行进方向的平面上旋转的箭头。这个图不宜太机械地对待，但是它确实具有电磁理论的基础，因为光子可被视为一种波，这种波具有和光子行进方向成直角的旋转电场和磁场。那么根据角动量守恒的基本物理定律，我们就知道这两个光子必须以相反方向旋转。

图 11.2　用来反映量子力学能违反贝尔不等式，进而量子力学不能由仅利用局域信息的计算机来模拟的假想实验。中心的原子发射两个"纠缠"的光子，并在左边和右边相隔甚远的位置进行偏振测量。

在量子力学中，这两个光子不能分开对待，它们合在一起的光子对被称为 EPR 对，这是根据非常著名的爱因斯坦、波多尔斯基和罗森合著的论文命名的。贝尔的论文实际上是对爱因斯坦等人的论文提出的反对量子力学明显的非局域性的呼应。因为这两个光子之间复杂的关系，它们被说成是"纠缠"的。不必关注细节，贝尔不等式是在这两个光子被相隔甚远后，通过用方解石晶体测量它们的偏振态推导出来的，如图11.2 所示。光子必须分隔得足够远，确保在不违反自然界的光速限制的前提下，一个光子的信息不会抵达另一个。这是费曼的局域互联条件的起源。在费曼的版本中贝尔不等式表示为，特定的测量结果永远不会大于 2/3。另一方面，量子力学预测结果是 3/4。正如费曼所说："就这样，这就是困难所在。这就是为什么量子力学看上去不能被局域的经典计算机模仿。"

如上所述，局域性问题处于该推理链的中心。实际上此问题引发了相当数量的关于是否存在隐含变量的后续工作，这些隐含变量能够也应当被加入量子力学，以完备一些人认为对"现实性"的不完备描述。正是量子力学的非局域性困扰了爱因斯坦、波多尔斯基和罗森，而贝尔则证明其是不可避免的。但是，除了关于量子力学非局域性的高度担忧外，还没有人发现在其定律中存在逻辑矛盾，尽管某种程度上它们确实看上去非常趋近于产生矛盾。当然，迄今为止它们应用得异乎寻常的好。

正是在这一点上，费曼提出了一个具有深远影响的建议：自然不是经典的，而且如果你想模拟自然，最好使它量子化。我们现在称任何利用了量子力学的计算机为一台量子计算机。

11.6　量子帷幕背后

得益于一群天才们的帮助，我们已提出了一个非常有趣的问题：存在利用超越日常经典机器的量子计算机来高效计算的有用事物吗？少数更天才的人极其肯定地回答了这个问题。

第一步表明，存在特定的计算任务，不管它多简单，量子计算机都提供了超过任何经典计算机的确定加速比。多伊奇和若桑确实完成了它，尽管结果看起来微不足道，但仍然有力地表明，量子计算机可能是求解某些特别重要问题的"钥匙"。普瑞斯基尔描述了一个关于本已极其简单的多伊奇和若桑问题的更为简单的例子，接下来我们展示一下。

假定我们得到了一个黑箱，将其称为 X，它有一个输入和一个输出。

每个输入和每个输出或者为 0，或者为 1。我们不能看 X 的内部，我们不知道它怎样工作。我们也假定 X 需要花费很长的时间完成它要做的事情，比如说一年。

现在，要求我们来确定 X 的输入为 0 时，它的输出是否与它的输入为 1 时的输出相同或相异。在经典物理的世界以及普通经验的世界中，确定两个输出是否相等的唯一方式就是首先用 0 作为输入，等一年后，再用 1 作为输入，再等一年，然后比较这两个结果。这里假设我们只有一个黑箱，所以我们不能并行运行两个 X。得到我们的结果就花费了两年时间，看来是没有办法了。

也许会像令我吃惊一样令你吃惊，即量子计算机能在一年而不是两年内回答多伊奇问题。这取决于量子力学的基本结构和量子力学测量的本质，我将尽力给出该技巧的一些经验而不破坏真相。

你可能会说，量子力学在一个帷幕后面相当秘密地运作。用更数学的术语来说，它运作在抽象空间，一个除非我们进行测量否则无法访问的空间。举一个简单而具体的例子，光子可像一个阀门或二极管那样被置于二进制（双值）状态。它们能相互对应，例如，光子的偏振方向——光子的电磁波旋转的方向。它们传统上被称为 |0> 和 |1>。这些状态与普通的、经典的状态 0 和 1 在许多方面不同，其中最重要的就是光子不需处于一个状态或另一个状态，而是可以同时处于两个状态，部分为 |0>，部分为 |1>。这样一个状态被称为叠加态。1935 年埃尔温·薛定谔为了挑战量子力学的解释，设计了一个思想实验，把一只猫置于一个叠加态 | 活着 > 和 | 死亡 >。现在它被称为薛定谔的猫，自那时起就一直是既活也不死的状态。

叠加态发生在量子帷幕背后的抽象空间中，与我们的日常经验大相径庭。正是测量过程才使我们从帷幕背后获得信息，而量子力学测量是特殊的，就像一次具有超过一种状态一样特殊。比如，如果你试图测量处于 |0> 和 |1> 相等比例叠加态的光子偏振态，结果将是经典的数字 0 或

者 1，但是它将通过深深地困扰了爱因斯坦的掷骰子的方式得出。实际上，测量的结果将是一半时间为 |0>，一半时间为 |1>。更进一步，在测量后，光子将处于与该次特定测量的结果相对应的纯粹的状态，或者为 |0>，或者为 |1>。然后我们说光子状态"坍塌"了。

我们现在处于描述量子计算机背后的神秘阶段，而量子计算机将一招求解多伊奇问题。当然，在量子帷幕背后发生了神秘的信息处理过程。构建一台量子计算机，它包含黑箱 X，在 |0> 和 |1> 叠加态上运作，而叠加态是源于初始的经典 0 和 1 输入。破解问题的"钥匙"就是在叠加态上运行的那台量子计算机，同时处理其输入 |0> 的部分和 |1> 的部分，被称为量子并行性的一种"魔法"。多伊奇问题的答案就是从仔细设计的测量中提取出来的。

多伊奇和若桑的论文中描述的问题实际上处理的是一个更一般性的问题，涉及 N 比特，相应的量子帷幕后的抽象空间是非常高维度的，呈指数级高。为理解这是怎么回事，假定我们有两个光子，每个都处于量子态 |0> 或 |1>，或者它们的某种组合。在这个例子中，量子帷幕背后的抽象空间是 4 种可能性的叠加态（称为基态），即 |00>、|01>、|10> 和 |11>，对应于两个光子的纯态的 4 种可能性。如果有 3 个光子，将有 8 种这样的可能性，即 |000>、|001>、|011> 等。因为每个位置有两种可能性，总共为 2^N，所以有 100 个光子，空间的维度就是 2^{100}，大约为 10^{30}。看来要用数量大得惊人的并行计算。

这一用公认的粗线条勾勒的描述本质上反映了量子计算是如何工作的。我们遇到了非常有意思的问题——这可以走多远。

11.7　量子黑客攻击

把世界弄成量子力学的上帝不仅掷骰子，而且从计算机科学家的角度来看，她有得有失。她用量子并行性给人希望，但是在测量过程中上帝带走了希望。我们能用量子计算机完成多少工作只取决于我们能从量子帷幕背后获取多少信息。

我们已经看到量子帷幕背后的抽象空间是很高维度的，呈指数级高。这确实意味着我们一次能（在量子帷幕背后）操作呈指数级数量的量子态，这也意味着我们能用该量子并行性在多项式时间内求解 NP 完全问题。例如，我们能探索所有可能的旅行商问题——同时，能用一个巧妙设计的测量方法从量子帷幕背后找到答案。

1994 年，我们在这个方向上迎来突破。其时，彼得·肖尔发表了一篇惊人的量子算法论文，是关于我们的最佳加密算法核心的问题。就这一点而言，量子计算从诱人的理论可能性"毕业"了，进入了一个完整的，对我们的国家、公司和个人的安全都很重要的领域。

公共秘钥领域广泛使用的 RSA 算法的难度是基于两个大素数积的因数分解的难度。在经典（非量子力学）计算机上该问题最著名的算法是呈指数级大的，普遍认为该问题没有多项式经典算法，尽管这一点并未被证明。人们也相信它不属于 NP 完全问题，但是，这一点又一次未被证明。关于量子算法最令人惊异的是，它竟是多项式的。这样，量子计算机就能破解 RSA 加密算法，并且现在量子计算机研发自然而然得到了政府机构非常慷慨的资助。除此之外，相关工作已经蓬勃发展成一个新的、"肥沃"的领域，对物理学和计算机科学都很重要，称为量子信息科学。

11.8　量子计算机的能力

如前文所述，用经典计算机对两个大素数的积进行因数分解看起来很难，但是用量子计算机在多项式时间内进行求解是肯定可行的。这表明，量子计算机可能在多项式时间内解决 NP 完全问题，意味着量子计算机将把我们运输至计算的应许之地。既然人们普遍相信 P ≠ NP，那么 NP 完全问题对经典计算机来说是真的难以驾驭的。

在戳破这个特定的"气泡"之前，我们需要解释一下"看起来很难""普遍相信"等字眼。当一个说法没有被严格证明但证据在不断积累时，它就出现在了计算机科学和一般科学中。证据的本质取决于特定的领域。例如，许多聪慧的计算机科学家和那些往往对知识饥渴的研究生们，一直在竭力成名、致富，其手段是为求解成千上万个 NP 完全问题的任何一个问题找到一个高效的（经典计算机）算法。基于运用某种黑箱（"神谕"），也存在 P = NP 问题在某种意义上是深奥的理论证据。"神谕"的结果也指向我们期望的结果，亦即 P ≠ NP。现在证据堆栈已经足够高，足以说服大多数计算机科学家 P ≠ NP，但这也符合事实，即一些最受尊敬的研究者一直强调的事实——如果只是一次破解，大门仍然是敞开的。我们应当一直牢记科学充满惊奇。

回到量子计算机的承诺，证据也在累积，即已证实超级经典计算机能求解某些问题，而量子计算机也不会破解 NP 问题中的所有问题。量子并行性自身是鲜活和良好的，但是，显而易见，即使测量用了足够的策略来求解我们有理由认为是最难的问题，答案也不能仅运用测量得到。

11.9　生命自身

生物用许多方式处理信息，既用模拟描述，也用数字描述。例如，我们的新陈代谢速率由脑下垂体产生的激素控制，这是一个运用模拟信号的控制系统。再看另一个例子，分子生物学的中心法则描述了从 DNA 到信使 RNA 再到蛋白质的信息传输——所有这些都是严格数字的。大脑，最接近计算机的生物体组成，既用数字也用模拟形式处理信息。

因此我们最终回到我们自身。在继续之前，我们应当进行一个例行的家庭作业：说明大脑至少与图灵机一样强有力。答案：图 11.3 给出了神经元示意图，它是一类负责大脑信息处理的细胞——大脑的晶体管。它接收输入信号，产生输出信号，其中的细节多种多样，从一种神经元类型到另一种神经元类型变化很大。重要的是信号出现在两类突触上：兴奋性突触和抑制性突触。前者倾向于促使神经元输出，后者倾向于阻止神经元输出。在最简化的情形中，单个抑制性（突触）的输入能防止神经元产生输出（触发）。回顾第 3 章中的逻辑门，我们构建图灵机的通用构件。实际上，因为在用逻辑门组装一台通用计算机时没有涉及呈指数级增长，大脑能用多项式资源（时间和硬件）模拟图灵机。这一点并不奇怪，因为图灵机的概念就是由一个人能用纸和笔做什么激发的。

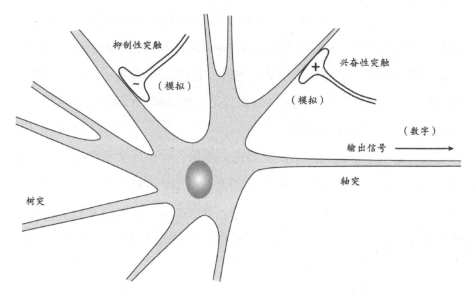

图 11.3 神经元就是逻辑门。左侧标"－"的突触是抑制性的，关闭输出；右侧标"+"的突触是兴奋性的，当抑制性输入关闭时它将产生一个输出。两个突触都是模拟神经元的构件，但是沿着轴突传递到右侧的输出信号是数字的。这样一来神经元就起到了阀门的作用，证明大脑至少和图灵机一样强有力。

上述家庭作业的逆过程将询问图灵机是否能模拟大脑，当然，这也是丘奇－图灵论题的应有之义。如果我们询问对大脑的高效模拟，那将涉及扩展的丘奇－图灵论题。有些人相信大脑中具有特殊的东西，它的工作不可能被任何种类的图灵机模拟。因此，一些版本的丘奇－图灵论题会失效。就此而言我自己的观点是，这无异于相信魔法，这也是我在本章标题中使用这个词的缘故。

大脑，原始的个人计算机，具有神秘的能力来指导计算机的构建——事实上，是其他的大脑。这一自我参照不可避免地导致了一个令人兴奋的想法，该想法近来变得非常流行：通过运用我们的大脑设计和构建大脑来闭合一个回路，这将导致一个呈指数级增长的技术爆发。这一普遍现象，通过强有力的大脑制造更强有力的大脑而导致的失控，常常被称为奇点。当然，前景令人愉悦但有很高的投机性。

11.10　计算的未定极限

本章中我们试图超越图灵机的能力。对于某些特殊种类的问题，譬如因数分解，除了量子计算机提供的一些真正的额外收获外，我们几乎空手而归。现在看来最佳选择是 NP 完全问题对任何种类的机器而言真的是难于驾驭的——从某种深层意义上说，它们是与物理定理联系在一起的。

追踪从模拟到数字世纪上的时间弧线，我们取得了从建立得非常稳固的基本原理（像噪声和量子力学强加的限制）到专家普遍相信的计算理论中的猜想（如 P ≠ NP），再到类似较少证据支持的猜想（如量子计算显而易见的局限）的进步。本章中评价困难时稍显奇怪的方面是它们都是暂定的，且建立在猜想的基础上。尽管明显不可能，但是求解 P = NP 以及 NP 完全问题根本没有困难的情况仍可能存在。同样，量子计算机能高效求解 NP 完全问题是可能的，或者用图灵机模拟大脑的工作是不可能的。

借助于奇点的可能性，以及大脑特殊性质的可能性，我们迎来了本篇的尾声。最后，第 12 章我们将讨论离散革命的基本原理如何引领我们进入当今互联网主导的世界，在智能机器发展过程中我们预期将确切地看到何种奇点。此过程中我们将回归这里提出的人脑计算能力的问题。

第四部分

现在与未来

第12章 互联网，然后是机器人

12.1 理想

到目前为止，我们在一系列基本理论的指导下，走出了历史性的道路。这些想法引发了今天的互联网浪潮，在我看来也必将掀起明天的浪潮：人工智能的加速发展，不可避免地会促使自动驾驶机器人等像科幻小说写的那样的各式机器人出现。在简短的告别章节中可以总结出很多相关领域，但是我们受益于那些相对简单的理论所提供的基本架构，引领着当今世界的发展。

回到我们的出发点，1939年，第二次世界大战前夕的模拟世界，顺便说一下，这也是我出生的时间。随后的10年人类见证了真正实用的数字计算机的诞生，该计算机是由数千种热电子阀组装而成的，这是一项绝妙的发明，它使用了19世纪的布尔代数。感谢理查德·费曼和戈登·摩尔引入的量子力学、半导体等，它们扩展应用到科学和商业的各个领域。

按照摩尔定律的发展，奈奎斯特的采样定理使计算机屏幕上充满了彩色图像，并用声音和音乐驱动着它们的扬声器。遵循克劳德·香农美丽的信息理论规定的规律和限制，计算机开始互相"交流"。今天，文化地球已是数字化的，并与我们公认的互联网信息网络相融合。滋养这一切的是算法——体现在我们数十亿存储程序机器的程序中。

据我所知，我们所描述的从模拟到数字的转变有6个基本思想，下面根据本书的进展进行列举。

- 信号标准化和恢复可防止信息被噪声破坏。该原理定义了计算数字化的含义，并将其纳入了巴贝奇和图灵的概念机中。但是，如前文所述，我们还不能完全取消模拟计算。毕竟，模拟的物理世界可能隐藏着某种力量，这些力量最终将被证明是重要的，甚至是决定性的。

- 阀门允许一个标准化信号控制另一个信号，再加上扇出，足以执行任何逻辑操作。从历史上看，它们是通过电磁继电器实现的，然后是电子在真空中移动（真空管），接着是电子在半导体中移动（晶体管）。用阀门实现逻辑的思想，是建立在 19 世纪中叶乔治·布尔的数学基础上的。

- 摩尔定律可能在精细粒度上也是普适的。正如费曼所观察到的，它仍有足够的发展空间。摩尔定律至少运用了 50 年，直接促成了个人计算机的普及。

- 奈奎斯特采样定理可确保我们对音频和视频进行足够快速的采样，在模拟信号与数字信号之间进行转换。

- 香农定理表明，考虑带宽限制、编码和解码延迟及计算成本，计算机等设备可以实现（理论上）无噪声的数字通信。现在有无数的个人计算机通过互联网连接，香农定理定义了网络带宽的性质和限制。

- 图灵机是存储程序、执行数字计算的原型机。你现在使用的任何一台计算机原则上都不比图灵机强大，功能取决于运行的程序。

这里讨论驱动变革的最后两个想法（实际上只是数字通信和计算）。首先，互联网提供的高通信效率，正在改变并挑战着人类社会和文化。在全球范围内，人们已经惊人地相互依存，地球已经完全沉浸在所承载的信息信号之中。其次，用于解决生物学和物理学问题，以及模仿思维本身的算法，包括用于加密或解密信息的算法，正在成为我们最强大的工具（和武器）。接下来，我们会从如下的特定角度来看待互联网：使互联网成为现实的最基本思想是什么？

12.2　互联网：数据包，不是电路

信息的离散性将直接影响你的生活。例如，某台计算机可以瞬间连接到其他 10 亿台计算机中的任何一台。你将如何设计一个连接系统，以完成如此惊人的事情？如果使用电话连接进行类比，那么需要查找从计

算机到目标目的地的路径，然后固定连接路径，最终通过该路径进行信息交换，这种方法称为电路交换。例如，要使用老式电话从纽约打电话到香港，我们可能会找到一条从纽约—芝加哥—洛杉矶—悉尼—香港的连线。只有建立该路径后，才能完成这次呼叫。

但事实上，在今天信息几乎总是以数字信号形式提供的，尤其是当使用浏览器上网时。这意味着我们可以用一种完全不同的方式来做事：我们可以将信号分解成小包，称为数据包。该数据包包含一部分数据，但在其包头和包尾中也包含很多信息：数据包的长度，源、目的地址，"生存时间"（在超过允许的最大跳数之前），校验和（用于检测错误），以及用于将某个数据包与其他数据包组合在一起以重建原始消息的标识标签等。现在，每一个数据包都离开起始位置，到处"跳来跳去"，寻找目的地的路径。原始消息中的数据包很可能会通过许多不同的路径到达目的地。比如到香港的连接中，某些数据包可能使用西雅图作为中间节点，其他数据包可能使用埃尔帕索，或者我们所知的轨道卫星作为中间节点进行通信。

相比于电路交换，数据包交换（又称分组交换）的最明显优势在于，我们可以将消息分解为小数据包。任何特定分组路径中的任何特定链路，都可以与作为其他许多消息的一部分的其他许多分组共享。因此，如果许多人同时向其他许多人发送许多消息，则与使用专用电路相比，网络中的通信链路的使用效率将大大提高。想一想你多久没有打字或下载东西了？以及为什么用空闲时间来连接专用电路？

分组交换还有其他优点，但是在某些情况下电路交换会更好。分组交换对于网络故障更具弹性：如果数据包因恰好卡在某处而丢失或被丢弃，接收节点很容易了解到这一点并请求重新传输丢失的数据包。另一方面，分组交换可能比电路交换引起更多的延迟，因为建立电路连接后机器可以全速进行传输。在无法容忍延迟的情况下，这可能是一个关键约束条件。举例而言，考虑外科医生在远离患者的位置进行精细手术时候的要求。

但总的来说，分组交换对互联网和数字通信概念来说是一个巨大的胜利，因为数据的数字形式使其易于通信。简而言之，将我们的消息分解成小块（相对模拟信号而言，对数字信号进行分解要容易得多），这使得我们可以更有效、更可靠地使用我们的频道。

12.3　互联网：光子，不是电子

我们今天将"无线"视为使用无线电代替铜线。但是请不要忘记，数千年前，人们一直是白天使用烟信号，夜间使用火信号进行通信。19世纪初期，出现了可以在相距 5 或 10 千米的山顶上的塔之间发出信号的沙普（Chappe）信号灯。这样一连串的 220 座信号塔楼，从普鲁士边境经波兰华沙一直延伸到俄罗斯圣彼得堡。亚历山大·格雷厄姆·贝尔和他的助手萨姆纳·泰恩特沉迷于寻找通过光束发送声音的方法，这就是当时最新的远程通信技术。他们面临着将信号"印"在光束上（调制）和检测信号变化（解调）的严峻问题，据文献记载，光影电话诞生于1880 年 2 月 19 日，携带消息"使用光通信的语音再现问题，由泰恩特先生和我在实验室中解决……"，这大约是在无线电成功传输语音之前20 年的事情。

在 20 世纪 70 年代，再次出现了用光代替电进行通信的方案，光纤推动了互联网的爆炸式增长。今天，挖开街道放下细细的光纤束以后，我们就可以连接到任何地方，而且速度之快是几年前无法想象的。一秒内通过光纤传输的信息呈指数级增长，实际上它在遵循自己的摩尔定律。图 12.1 显示了近 30 年来光纤速度的飞速提升。赫希特将此光学法则的摩尔定律命名为凯克定律（Keck's law）。

现在，我们需要问一个非常基本的问题：为什么在玻璃中通过光子远距离传输信息，会打败在铜线中通过电子传输信息？问题在于损耗和趋肤效应（loss and skin effect）。当任何类型的信号沿电线或光纤传播时，不可避免地有大小上的损耗。考虑到信道总是存在一定的噪声，这限制

了信号的传播距离。但是，在数字信号被噪声淹没之前，可以通过确定的 0 和 1 重新生成全新的信号。当然，这种信号再生的设备（称为中继器）并不便宜，将其安装在海底电缆中尤其麻烦，因此，中继器损耗越小，信号长距离传输越实用。

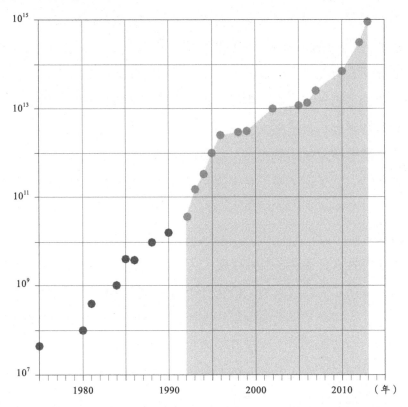

图 12.1　光纤速度的进步。纵轴是最先进的实验中信号的比特率。阴影区域表示使用波分复用，其中几个不同的信号同时沿着同一根光纤发送，每个信号使用不同的波长。参见赫希特对过去几十年中光纤技术进展的回顾。他以低损耗光纤的共同发明者唐纳德·凯克的名字，类似摩尔定律一样提出了凯克定律的名称。

这正是与铜线相比，光纤的优势所在。当高频信号或短脉冲通过像铜这样的导体时，电子倾向于集中在导体的表面附近（即"表皮"）。铜线的有效直径越小，铜线的电阻就越高，使得信号衰减越快。脉冲速度越快，损耗越大。当光子穿过玻璃纤维时，不会发生趋肤效应，于是损耗极低的光纤成为互联网发展的福音。使用第 7 章的术语来讲，对于给定的成本，光纤比铜线具有更大的带宽。

与铜线相比，玻璃纤维还具有其他一些优势：它不受电磁干扰的影响，其中包括无线电信号和电气设备产生的噪声。光纤内掺入少量稀有金属铒，从而提供了内置的放大器，这种信号放大功能可以极大地延长光纤传输的距离，而无须中继器。它也更耐用、更轻，而且从长远来看更便宜。

玻璃纤维的真正优势来自光子和电子在物理特性上的差异。赫希特很好地说明了这一点：电子容易与其他物质发生强烈的相互作用，适合逻辑运算和存储；光子相互作用不强，更适合进行远距离通信。于是几十年间，随着技术的不断成熟，我们在见证了基于电子的芯片技术的爆炸式增长后，又见证了基于光子的光纤传输呈现的井喷式增长。今天，我们正同时享受两种技术带来的红利。

后果

互联网的惊人发展在很大程度上可以归因于刚才讨论的两个基本因素：分组交换和光纤的发展。但众所周知，网络在给人们带来了重大机遇的同时，也带来了巨大的危险。当计算机像孤立的机器一样被放置在实验室或书房的角落时，生活似乎很简单。但数据是宝贵的，有时候难以获得，数字形式的文本或书籍即使在很小的社区中也可能无法共享。之前也许很难想象，在一台计算机上运行的程序在另一台计算机上却无法运行。

随着互联网的发展，这种宁静的现象发生了迅速而巨大的变化。令人难以置信的廉价的高速数字通信，以及遵循摩尔定律制造的芯片，也促使了海量数据的产生和无处不在的计算。一方面，人们可以不一定拥有自己的计算机。例如，你刚开始做生意又不想在硬件上投资，那么可以将计算资源和存储设备移到其他计算服务器上，这些计算服务器位于未公开的位置，正如我们所说的"云"。当在整个区域来回发送数十亿字节的花费非常便宜且非常快速时，为什么还要购买和维护运行不断发展的业务所需的计算机呢？

根据香农定理，所有数据都在我们周围流动传输着，所有数据都分配了合适的带宽，不可避免的事情发生了：数据被收集，并被企业利用，用于医疗行业，甚至用于犯罪活动。该现象即"大数据"问题。今天我们都知道，在某个地方的某个人可能正盯着我们键盘的输入，但愿他没有获取我们的账号及密码。

云计算和大数据都是大量通信和存储的结果，这些都是基于摩尔、奈奎斯特和香农等学者的出色贡献。互联网的巨大危险也与图灵这个名字密切有关，图灵既是编程概念的开创者，也是率先使用存储程序来锁定和获取信息的人。如第 11 章所述，破解加密信息的困难与计算机科学中最基本、最困难的理论问题联系在一起，并为开发基于量子的计算机提供了最紧迫的压力。

实际上，存储程序的想法是如此笼统和强大，以至于会产生隐患。众所周知，在 21 世纪，计算机很容易受到病毒的入侵和破坏，就像出于同样原因的活细胞繁殖机制一样。坦率地说，我们今天目睹了"可爱"的数字技术在普通无辜消费者与黑客之间的竞赛。请仔细地检查你的垃圾邮件。

这一切都来自我们上面提到的 6 个思想，再加上一些分组交换技术、光纤和数十亿行的程序代码。

12.4　进入人工智能时代

不难发现这 6 个思想将我们引向何方：我认为只需查看国际计算机学会（ACM）的技术新闻网站，该网站定期发布计算机世界的最新消息。将来自世界各地的新闻和研究报告按照类别划分，目前占主导地位的是通常被称为人工智能（Artificial Intelligence，AI）的新应用程序和算法，以及用于制造闸门（前面章节中介绍的逻辑门）和传感器的新型材料。这些是人类的思想和智慧的产物：我们正朝着独立和独特的、通常被称为自主的机器人（robot）方向发展，正如我们在本章开始所说的那样，人工智能的机器人（android）。

这里需要说明，该领域的术语变化很快，有的时候也有不明确的情况。"人工智能"是一个相对很老且过时的术语，也许范围太模糊了，以至于在今天的研究领域没有使用，而只是流行于日常的交谈中。在从事计算机相关研究的人群中，流行的说法是更狭义的机器学习（machine learning），是计算机根据应用程序的任务反馈来连续改进其算法的能力。机器学习系统可以视为人工智能的子集。更专业的术语是连接器（connectionist），它意味着机器的智能行为算法使用相互连接的、简单的且通常是相同单元组成的复杂网络。当这些单元的行为达到大致类似于神经元时，我们便拥有了一类更为专业的系统，称为神经形态（neuromorphic），也称为神经网络（neural nets）。这里我们的讨论仅限于这类特殊的人工智能系统，这实际上也许是最有前途和最可能成功的方向。

神经网络模仿神经元在大脑中的组织方式，看起来非常粗糙：有一组输入（人工）神经元，它们连接到另一层神经元，依此类推，直到到达最终的输出层，得出结果。当然为了获得最终结果，通常使用通用计算机进行仿真来实现神经网络的目的。例如，神经网络的一种流行应用是设计语音识别系统，它的输入来自麦克风，由覆盖不同频带的滤波器处理，输出是文本形式的词汇。虽然现在人类已经开发出了可以完成这项工作的软件，但是它的表现还尚不如人类自身。当然，设计神经网络往往是为了达到或超越人类的能力水平。

12.5　深度学习

第一个简单的神经网络最初是由一个（人工）神经元输入层、一个中间层和一个输出层构成的。最初人们并不知道分配给神经元之间连接的权重。权重可以是–1~1的任何数字，其中0表示完全没有连接，1或–1

表示可能的最强连接。因此，决定哪个神经元连接到哪个神经元，并为特定任务找到（学习）合适的权重，是使用神经网络计算的主要挑战。这个过程通常称为训练神经网络。

训练神经网络以及选择正确的神经元，既是一门艺术，也是一门科学，是我撰写本书时需要深入探讨的重点，这也是意料之中的事情。例如，人一生下来就有约 1000 亿（10^{11}）个神经元和一定数量的突触（或者说连接），其中许多处于完全未经训练的状态。婴儿（或更确切地说是婴儿的大脑）将学习如何连接这些神经元（添加突触）以识别母亲的声音、将双眼聚焦在一个物体上，以及拿东西与行走等。当然，更不用说理解口语、用连贯的句子说话以及发送消息等更复杂的先进技能了。众所周知，通过进一步训练这 1000 亿个神经元，人类将逐渐能够轻松自如地驾车、对他人产生同理心，以及教育婴儿成长等。人类为这种训练和学习花费数十年的时间，但仍有很多人类尚未涉足的领域。与此类似，通过引入更多的神经元或不止一个中级水平的神经元，训练神经网络的速度会受到训练时间的限制。对于某些复杂的任务，其学习和训练过程早已超出了目前计算机的能力范围。

在过去的一个世纪里，神经网络算法以一种或另一种形式反复出现过，经历了几次高潮和低谷。神经网络浪潮的反复出现，通常伴随着人们过分的热情和夸张的宣传，以及后面的失望和衰落。但摩尔定律的发展改变了这一趋势。到 20 世纪 90 年代，芯片的处理速度变得越来越快，多芯片同时并行工作的架构也已开发出来，这使得建造真正的"超级计算机"成为可能。终于到了 21 世纪初，构建和训练具有多个中间层的神经网络（深度神经网络）成为现实，"深度学习"由此诞生。在我撰写本书时，深度学习大潮已经涌起，吸引了全球众多有才华的研究人员和相关资源的投入。

如今，深度神经网络已经是处理诸如计算机视觉、手写输入识别和自然语言处理等任务的最佳工具。深度神经网络在这些任务应用中之所以火爆，部分原因是常规算法对解决这些问题束手无策。其实人类也是通过不断进化"设计"才擅长这些任务的，所以模拟大脑运行的深度神经网络擅长该类任务，也就并非偶然了。

斯金纳的鸽子

1940 年，著名的行为主义者斯金纳提出了一种设想，即我们现在所说的"智能炸弹"（smart bomb）。斯金纳是训练思想的大力提倡者，他试图通过训练使鸽子啄食屏幕上的移动图像。具体想法是，如果将目标图像投射在炸弹内部的屏幕上，则可以利用炸弹内部的啄食鸽子的头部移动来控制炸弹的飞行方向。

关于斯金纳的这项训练的故事让人读起来感到很有趣，但这里举该例子是因为它很好地说明了当今人工智能中很多基本的研究策略：制作和使用有用的神经网络，使用计算机程序或电路取代鸽子。这种程序或电路可以粗略地反映出神经元在鸽子大脑中的相互作用方式，并以相同的方式对其进行训练——通过对预期行为的增强激励。在这种情况下，我们可以通过适当的调整来实现增强神经元之间的连接，合成突触之间的权重。

如今，深度学习已应用于解决多个尚不存在精确算法的问题，例如人脸识别、阅读潦草的手写体和语音理解。如上所述，人类虽然在这些工作上非常擅长，但要经过多年的训练。因此，可以毫不奇怪地说，训练神经网络做有用事情的真正挑战，是训练它们所需的计算时间。

12.6 障碍

我们已经注意到，神经形态计算的历史以及整个人工智能的特点是，狂热的宣传不断涌现，以及随后令人失望的结果。例如，2017 年 6 月出版的《IEEE 光谱》（*IEEE Spectrum*），其封面显示了一系列看起来相当简单的人脑，以及一个问题：我们能复制大脑吗？特别报道的第一篇文章标题为《真正会思考机器的黎明已经到来》。文章阐述了一些常见的猜测性主题。

> 我们的机器最终也会自己思考，甚至变得有意识……如果我们的机器自己会思考，那它们可能会背叛我们。当然相反，如果我们创造出了爱，我们的机器又该怎么办？

这也许是最后一个愉快的想法。

在同一份特别报道中，还有一篇文章采取了更为谨慎的说法。作者戈麦斯这样预测：（神经形态计算）要么会飞奔而过，要么变得晦涩难懂。我要补充第三种可能性：该领域将要么逃跑……要么再一次藏到地下，而 13 或 17 年后再次兴起，就像周期蝉（periodical cicada）那样。即使不是现在，但最终出现的技术也将足够先进，以支持真正的智能机器。顺便说一句，戈麦斯用飞行的隐喻来提醒他的读者，现在的飞行器并不像日常我们观察到的飞行生物那样拍打翅膀。我认为这是一个很好的观点：也许未来的智能机器使用的是与我们不同的大脑。

"预测是非常困难的，尤其是关于未来的预测。"这句话出自 20 世纪的两位学者——尼尔斯·玻尔和约吉·贝拉——中的一位。人工智能的未来是如此重要，以至于我将在余下的篇幅中进一步讨论其光明前景、巨大障碍，以及对社会带来的具有真正变革性的可能后果。

计数连接

支持戈麦斯保守态度的是一些惊人的数字。前文我提到了构成我们出生天赋的 1000 亿个神经元，这是公认的估算结果。在每个人的几乎整个生命历程中，我们必须"凑合"使用这些神经元。其实我们也没必要抱怨其不足之处，毕竟神经元数量与银河系包含的星星的数量差不多。尽管它看起来有上千亿之多，但参与连接的数量，即突触，与之相比的比例是微不足道的。

图 12.2 展示了一个典型的神经元示意图解，比图 11.3 更为真实。在

图 11.3 中，我们仅关注其充当瓣膜的能力。突触位于轴突的分支末端，在轴突远离神经元（细胞体）的中央部位。每个突触都将信号从其神经元传递到另一个神经元，该神经元通过一个小缝隙连接到另一个神经元的细胞体，或者连接到其树突之一的分支结构，这些结构收集来自其他神经元的信号并将其传输到细胞体。除了一些例外情况在这里忽略不计之外，一般来说，信息流是从一个神经元的细胞体沿着分支的轴突传输到其他神经元的突触。在训练和存储新信息（我们称为记忆的过程）期间，可能会出现新的突触，尤其是对于婴儿来讲。

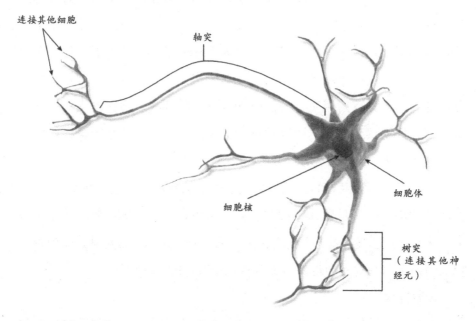

图 12.2　典型的神经元示意图解。神经元的细胞体收集通过突触传递的来自其他神经元的信号，并产生一连串尖峰时刻的响应或无响应，沿着神经元的轴突（在此图的左侧）传播。因此，轴突携带数字信号，而突触是模拟信号。请记住，神经元种类繁多，每个神经元都可以通过许多（有时是数千个）突触与其他神经元进行通信。

此外，神经元用来组合其传入的信息以形成传出信号的权重也可以更改，就像在训练期间可以更改神经网络中的权重一样。这意味着大脑随着我们的学习而不断变化，它会不断地重新"布线"。属于给定神经元的突触可能多达 10000 个，每个突触都与其他神经元相连。帕克肯贝格等人（2003）用显微镜做了很多计数观察，得出的结论是，在我们进行认真思考的所有新皮质中，每个神经元都有大约 7000 个突触用来交换信息。为了避免出现数字混乱，假设所有神经元中突触数量的平均值为 10000，即 10^4，每 10^{11} 个神经元（通过一条单向路）都与另外 10^4 个神经元相连。那么人脑中的连接数将达到 $10^4 \times 10^{11} = 10^{15}$，这是一个很大的数。

如果使用现有计算机来模拟大脑，这些数字足以令人生畏。考虑四维连接在神经网络中所需的权重。假设我们在训练过程的每次迭代中调整每个连接的权重，然后以 1 兆赫兹的速率更新强度，每秒更新 100 万次。按照这个速率模拟大脑，则需要 10 亿秒，即大约 32 年，才能仅仅完成一轮权重调整，而为实现一项复杂工作的训练通常需要数千轮以上。

更糟糕的是，因为大脑中的神经元以及它们的树突和突触是复杂的模拟信号系统，受微分方程控制，所以肯定无法通过神经网络中使用的简单人工神经元进行精确建模。即使我们并行使用多个处理器，在近期对人脑进行完整而准确的模拟显然也是不可行的。

蜜蜂的大脑

与此同时，勤劳的蜜蜂给我们带来了一些好消息。它的大脑只有一个芝麻种子的大小，只有大约 100 万个神经元，人类大脑中神经元的数量是它的 100000 倍。最近人们研究发现，蜜蜂等小昆虫也能进行更高级的学习。蜜蜂可以学习概念，即独立于特定物理实体的抽象概念。例如，它们可以学习"相同""不同""上方/下方"和"左侧/右侧"等概念，并将其在不同的环境中应用。除此之外，它们还可以同时掌握两个这样的概念。

从人脑到蜜蜂的大脑，复杂性大大降低，或者说神经元数量显著减少（后者为前者的 $1/10^5$）；而考虑连接的数量，其往往与神经元的数量成平方关系，这样看来蜜蜂的大脑的连接数量（可以更好地衡量大脑的复杂性）就减少为人脑的 $1/10^{10}$。这无疑是令人鼓舞的，通过蜜蜂这样一个大脑很小的昆虫"天才"的例子，我们希望训练出规模可控的神经网络来执行相对高级的任务。

大脑中有模拟魔术吗？

大脑可以同时处理数字和模拟信号。通常神经元之间的通信是数字化的，使用神经元之间的线状轴突发送尖峰信号进行编码。但是，每个神经元本身的局部操作使用的都是确定的模拟处理，以非常复杂的方式合并了来自其他神经元的信号。如上所述，精确地模拟神经元迫使我们需要求解微分方程，这比实现简单的逻辑要困难得多而且更耗时。

似乎大脑将数字编码用于神经元间的通信，其原因与我们将数字编码用于互联网大致相同。从一个神经元发送到另一个神经元的数据的数字形式具有抗噪性，这是解释为什么我们整个文明的信息技术已变成数字化的 6 个主要思想之一。考虑一下：典型的神经元的细胞体直径大约为 10 微米，即直径为 10^{-5} 米，而坐骨神经的轴突大约长 1 米，从下部脊柱延伸到我们的大脚趾。因此，沿着坐骨神经轴突的信号的传播距离是使用模拟计算的神经元自身内部的信号传播距离的 10 万倍。大自然学会了像我们一样使用数字处理进行长距离通信。

大脑神经元中的模拟处理使我们回到第 11 章提出的有关计算复杂性的问题。大脑使用模拟处理是否只是出于相对效率的考虑？还是模拟处理提供了指数优势并因此带来了质的优势，从而超越了数字处理的能力？正如我在第 11 章中提到的那样，如扩展的丘奇 – 图灵论题所指出的：常规的编程语言可以足够有效地来表达任何算法，大脑（或任何其他部位）也没有在进行魔幻的模拟运算。如果我们接受这一结论，那么原则上使用完全数字化的计算来模拟大脑并不会遇到真正的限制。

大脑中有量子魔术吗？

这仍然使量子力学成为大脑可能使用的另一种资源。我们已经在第 11 章中看到，量子计算机有望在计算效率上实现重要的改进。大脑会利用量子力学吗？这是一个最有趣和最具挑战性的问题。

众所周知，大脑与其他任何物质一样，都受量子力学定律的约束，但问题是大脑在计算中是否利用了量子力学效应。

我梳理了赞成和反对的主要论点。量子力学是大脑运作必不可少的方式，这一观点最著名的支持者是罗杰·彭罗斯，其主要建议是在《皇帝新脑》中提出的，这是一部极富争议的著作。他谈及了一些主题，在此我们进行详细讨论。尽管到处都是方程，但该书仍然适合非技术读者。哈梅罗夫以及哈梅罗夫和彭罗斯提出了关于量子力学计算在大脑中的位置和性质的更进一步具体建议，特别是他们提出了意识的源头可以追溯到微管的量子力学，即大脑神经元中的圆柱形蛋白质晶格。

而另一方面，生物学家和物理学家对这些想法普遍表示怀疑。以量子态存储信息的量子系统非常精密，它们倾向于与环境相互作用，从而丢失量子信息，这种现象称为退相干（decoherence）。这种损失是在大脑中进行任何形式的实用量子计算面临的主要技术难题。批评者认为，保护量子态免受大脑退相干是不可思议的：因为大脑环境太过于潮湿和温暖，无法满足量子工作所需的极低温度条件，几乎不可能维持相干状态。

我们刚刚提到了为机器人构建人工大脑的 3 个可能的障碍：真实大脑纯粹的复杂性、需要模拟计算能力以及量子计算的可能性。这些障碍逾越之后才能获得超越标准图灵机的能力。以史为鉴，我们终将把越来越多的计算打包到越来越小的虚拟设备，必要时我们可以为机器人大脑配备可能需要的模拟或量子计算功能。最终我们只有一个证明原则：人类自己。

12.7　进入机器人时代

谁在学习什么？

斯金纳训练他的鸽子跟随屏幕上的目标，我确定他是鸟类训练方面的专家，但是他学到了什么算法用于啄食屏幕上某个点呢？在 20 世纪 40 年代初期，地球上还没有数字计算机，出于所有实际目的，只有阿兰·图灵以及其他少数人在考虑应用计算机的算法和相应程序。要了解鸽子正在学习的知识，需要了解我们所说的鸽子大脑的"计算机"是如何工作的。而 70 多年后的今天，我们仍有很长的路要走。

当今人工智能的发展与之非常类似。训练一个深层的神经网络，完成诸如转录笔迹之类的工作之后，建立并对其进行训练的计算机科学家对识别笔迹的问题所知甚少，只比他开始时多一点：训练的结果通常只是用于网络中权重训练的大量数字，这个权重反映了人工神经元如何相互连接，即人工突触。随着神经网络变得越来越深，越来越复杂，问题变得更像是了解生物大脑如何工作的问题那样复杂。了解深度神经网络如何执行其工作，即深度学习的可解释性是今天深度学习领域中一个重要的研究方向。到目前为止，使用神经网络"解决"问题，实际相当于我们将解决方案委托给另一位专家来实现，而自己并不清楚其过程。这是介绍机器智能的一种方式。

恰佩克与迪克

鉴于技术的发展轨迹，尤其是在过去的一个世纪中，至少我认为，我们似乎不可避免地要朝着创造人形机器人的方向迈进——这一步在科幻小说中已广为人知，而如今已经彻底进入了人类的意识。

卡雷尔·恰佩克在其剧本《R.U.R.》中引入了"机器人"一词，其创作于 1920 年，并于次年在布拉格首映。现在，机器人也被称为 android，比如在迪克的经典著作《仿生人会梦见电子羊吗》（"仿生人"的英文即 android）中。

恰佩克以其独特的天才想法首次提到机器人时，就提出了关于机器人的核心问题：机器人能有多人性化？通用机器人公司总经理多迈纳，在恰佩克剧本的第一幕中宣称：

从机械上讲，它们比我们更完美，它们拥有极大的智慧，但没有灵魂。

后来在同一剧幕中，首席心理学家赫尔曼对海伦娜做出了如下回应。

赫尔曼：它们没有自己的意志，没有激情，没有灵魂。
海伦娜：没有爱，没有抗拒的欲望？
赫尔曼：是的，机器人没有爱，甚至都不爱它们自己。

海伦娜是该剧的一个观众，恰佩克的人道主义思考再往前一点，我们会学到更多。

赫尔曼：有时候，它们似乎不知所措，就像患有癫痫一样，我们称之为机器人"抽搐"……显然，是该机制有些故障。
多迈纳：作品中的瑕疵，必须将其删除。
海伦娜：不，不，那是灵魂。

后来作品中又提到了机器人的痛苦，然后是爱情的问题——作为人类生活中不可避免的要素。

大约 50 年后，迪克用自己的方式回答了同样的问题。他的主人公里克·戴卡德是赏金猎人，其任务是追踪和追杀从火星逃脱的安迪斯。逃脱的安迪斯是使用 Nexus–6 脑部单元创造的高级机器人，只有通过 Voigt-Kampff 同情测试才能将它们与人类区分开。对迪克来说，同情是人类本质上的感觉。

激情、灵魂、爱、痛苦和同理心：它们都是我们称为意识的奇特体现。

12.8 意识的问题

难题

机器人是一种有意识地模仿人类思维的机器吗？就像海伦娜在剧幕中所说的那样，这是另一种询问机器人是否具有灵魂、能够说话、感到痛苦或爱的方式。为什么人类大脑的思维过程会导致主观体验？神经元如何进行物理操作使我们看到红色？为什么会感觉到牙痛？这些问题就是哲学家戴维·查默斯所说的意识的难题，它们的难度与我们可能考虑的其他问题不同。查默斯在他的《有意识的头脑》一书的序言中这样说。

> 意识是最大的奥秘。这可能是我们寻求对宇宙的科学理解的最大障碍……像大脑这样的物理系统怎么可能也是一个经验者呢？
>
> 解决这个难题的一种方式就是投降和信从，即神秘主义者的反应。他们的立场仅仅是，大脑根本无法理解导致意识的主观体验的原因。伟大的生物化学家雅克·莫诺德的一句话预示了这一想法。
>
> 这位逻辑学家也许会被感动，因为他提醒生物学家其"理解"人脑整个功能的努力注定要失败，因为没有一个逻辑系统能够对自己的结构产生完整的描述。

这是激化了争议还是进一步混淆了认识，我留给读者自己思考。

强人工智能

约翰·希尔勒考虑了意识问题截然不同的反应，他称其为强人工智能（strong AI）：他认为任何运行正确程序的计算机都会像大脑一样"有意识"。就这么简单。这等于宣称了大脑没有像神经元微管中的量子力学或"小精灵尘埃"那样的秘密成分。查默斯将其归类到"新物理学"类别。

希尔勒引入了"强人工智能"一词，提出了通常被认为是反对它的最佳论点。该论点被称为"中文房间"。以下是中文房间的实验过程。

假设我们从一个计算机程序开始，在强人工智能下机器具有理解中文等方面的意识。把一个不会说中文的人锁在一个房间里，他会读一遍程序，然后用纸条执行，一次一条指令。不要担心这需要遵循数百万或数十亿条指令，也不用担心这个人不知道中文的意思，这只是一个思想实验。这个人准备接收用中文写的问题，查找程序的相应指令，最终返回同样用中文写的答案。一个会说中文的人在房间外，把用中文写的问题从门缝塞进去，然后房间内的人返回用中文回答的答案。

对懂中文的人而言，在这个房间能理解中文并进行交流。但房间内的人实际上对中文是一无所知的。因此，有观点认为，会执行程序不足以说明理解中文，或者实际上不理解任何东西。希尔勒认为，一般而言，执行程序不能引起意识。强人工智能的支持者回应说，懂中文的不是房间内的人，而是房间加程序加人的系统。查默斯将此观点视为一种僵局，强人工智能的坚定支持者认为系统是有意识的，而反对者则认为结论很荒谬。查默斯实际上继续主张打破僵局，支持强人工智能。但是我们现在必须把意识的问题留在这个最不能令人满意的未解决状态。可以肯定的是，这是一个非常有趣和重要的问题。

12.9　价值观的问题

有人设想了从火星殖民地逃出来的危险机器人，也有假想的中文房间，这些论点具有重要意义，对问题的思考很重要。例如，假设机器是有意识的，而且能感觉到疼痛和痛苦，那么作为人类，我们至少有道德责任去考虑这种痛苦。人类以及自身的文化和基因，按照达尔文的进化论是几十亿年选择的产物，这就解释了这种道德责任，以及我们自己的灵魂、爱、痛苦和同理心。

另一方面，我们从头开始设计机器人，负责任地为它们提供一个道德指南针。我们也需要考虑科幻作品中的大量行动和冲突，例如恰佩克的机器人造反并取代了人类；迪克的安迪斯确实很危险，而且完全缺乏同情心。艾萨克·阿西莫夫用他的"机器人三定律"解决了他的故事中的问题。

（1）机器人不得伤害人类，或看到人类受到伤害而袖手旁观。

（2）在不违反第一定律的前提下，机器人必须绝对服从人类给的任何命令。

（3）在不违反第一定律和第二定律的前提下，机器人必须尽力保护自己。

这是一个良好的开端，但不足以帮助后人享受我们的文化遗产。我恳请未来的机器人制造商将机器人视为我们的孩子，对它们像对待我们自己的后代一样，也要进行同样的道德和艺术教育。它们可能承担着将我们的文化遗产和价值观带入未来神秘世纪的责任。我们希望它们能为自己的人类起源感到自豪，并确保它们保留我们独特的人类价值观。

想想我们最满足的快乐：爱和艺术。但我认为，一个可悲的事实是，几乎没有什么基本的科学定律可以被发现了。一旦被发现，乐趣就消失了。牛顿发现了一种优雅、简洁的运动方式，即所有物体的运动都服从简单的引力定律。爱因斯坦的发现更为丰硕，包括狭义相对论和广义相对论，更不用说对光电效应的解释了。

另一方面，斯特拉文斯基不可能剥夺任何人谱写《春之祭》的机会，但是任何其他人独立创作出这一作品或类似作品的可能性都是极小的。当然，对伟大的画家、作曲家和作家来说也是这样的。他们的创造性作品不能被视为达到特定目标的竞争作品——太多的绘画、歌剧、交响曲或小说都可能使人们担心竞争问题。从这个意义上说，长远看来艺术比科学要好得多。我们和我们的后代——模拟、数字或模数的混合体，人类、机器人或两者共存的社会，永远不会失去创造和享受艺术的能力。

我们已经到达或越过了公正猜想的边界，是时候向读者道别了。我希望把刚刚侦听到的子空间广播内容留给你。

尾声

侦听

这是来自 γ-73 地区的信息，来自一帮烦人的碳基双足动物。看上去他们准备出售一些东西……这儿，他们正接受某种数字电子机器人的投标。

[来自招待沙龙中的笑声]

嗯，这儿有些我们可能感兴趣的东西……一个他们称为"猫"的动物的基因编码，它可能和我们习惯的个人向导类似，但是没有感情和语言技能。

[更多的笑声]

我们这儿有什么？一些和被称为长笛的神奇乐器有关的东西。由某个他们称为莫扎特的人写的。看来是用他们称为"音频"的形式存储的，正好是我们需要向上转换的频率范围。

[重新开始关注，小组下载和监听短的样本，正好与他们的听力范围合拍——之后，是令人震惊的沉默]

棒极了！我们需要更多的"那个"。得到议会授权后，为了获得充满魔力的长笛，我们将为贸易计划提供物资，比如引力机器人。

[欢呼]

看来我们在 γ-73 地区拥有一些珍贵的贸易伙伴。